京都大学学術出版会
生態学ライブラリー21

# 里のサルとつきあうには

## 野生動物の被害管理

室山泰之

# はじめに

冬、野山に食べ物がなくなる頃になると、サルが集落に現われるようになった。最初はもの珍しさも手伝って歓迎されたが、そのうちサルは人のいないときに田畑に入って作物を食べるようになった。ときがたつにつれますます大胆になり、ついには人がそばにいるのに平気で作物を荒らすようになる。そうなるともう手におえない。田畑の作物を食べるのはもちろんのこと、屋根の上を走り回り、お年寄りや子供を威嚇する。「被害をなくすにはサルを駆除するしかない」という声があがる一方で、老夫婦は山間の田畑を捨てて町に住む若夫婦のところに移り住むことを考えるようになった……

里のサルというのは、集落に出没するようになったニホンザル（*Macaca fuscata*）のことである。いま、里のサルは全国各地で分布を広げつつある。何もしなければ今後ますます分布を拡大し、農作物被害を増加させてゆくだろう。

集落に出没して農作物を食べるようになったニホンザルは農家の悩みの種であり、ときには憎しみの対象にすらなる。

「とにかく畑のもん全部サルに盗られてしもて、何にも収穫でけへん」

「サルなんていても何もええことはないから全部とってほしい」

被害を出しているサルの調査をしていると、地元の人によくこういって声をかけられた。無残に荒らされた田畑を前にしてそういわれると、こたえるべき言葉がなかなか見つからない。ニホンザルのことをいくら知っていても、それだけでは被害は止められない。彼らが農作物を食べないようにするにはどうすればよいのか。解決の糸口はなかなか見つからなかった。それでも、さまざまな人と議論したり被害現場に出かけたりする中で、「これでとにかくやってみよう」という方向が見えはじめた。キーワードは「被害管理（Damage Management）」である。

この本には、「ニホンザルの被害管理」をめぐるさまざまなことが詰め込まれている。すぐに現場で使える技術的な情報もあれば、サルの農地採食を採食生態学の観点から分析しているところもある。管理体制をどうするかということも書いてある。被害管理に関連する分野の裾野の広さを感じてもらえるのではないかと思う。

この本の目的は二つある。一つは、さまざまな考え方や情報を提供して、農家や行政が被害軽減に取り組むときの手引きにしてもらうこと。もう一つは、「被害」というこれまで学問的な対象としては考えられてこなかった問題が、じつはさまざま角度から研究される可能性を秘めた現象であることを知ってもらうことである。野生動物と人とのかかわり方は非常に多様なものであり、その多くは研究分野としてはまだまだ未開拓である。さまざまな分野からどんどん新しい人が参入してくれることを期待している。

里のサルとどうつきあえばよいのか。その答えはまだ見つかっていないが、この本をきっかけに野生動物と人のかかわり方に興味をもっていただければ幸いである。

里のサルとつきあうには◎目次

# 里のサルとつきあうには

## 野生動物の被害管理

室山泰之

第一章◎

# 猿害との出会い

## 1　里に現れるサルたち

ニホンザルはどこに棲んでいますか？

もし都会でこのような質問をすれば、たぶん多くの人は「山に棲んでいる」と答えるだろう。もちろんいまでもほとんどのニホンザルは山に棲んでいる。だが、驚くほど人里に近いところで暮らしていたり、山から離れた市街地に居ついてしまっているサルたちもいる。以前からサルが生息していたところでも、ごく限られた時期に姿を見せていたのが、季節を問わず頻繁に集落に現れるようになっている。少なくとも数十年間はいなかったところにまで現れはじめた地域もある。また最近の調査によると、少なくとも東北地方や関東甲信越地方などでは、あきらかに分布が拡大していることがわかっている（詳細は第八章）。つまり、この数十年の間にサルの分布は人里のほうへどんどん広がっているのだ。

サルの分布が人里へ広がるにつれて、サルと人との軋轢が全国各地で顕在化してきた。いわゆる猿害である。サルがシイタケなどの林産物や田畑の農作物を食べるという農林業被害は、軽微なものも含めればずいぶん以前からあった。第八章で詳しく述べるとおり、一九六一〜六二年の調査ではニホンザルの分布は山奥に限られていたが、そのときすでに分布地域に生息する群れの半数以上で被害が報告されていた。被害の発生が山奥の一部の地域に限定されていたのは、サルの分布が現在のように広がっていなかったからだろう。

やがて七〇年代後半から全国的に農作物被害が報告されるようになり、地域差はあるものの八〇年代後半から九〇年代にかけて被害地域が人里のほうに広がり、被害が急増した（図1-1）。被害が報告されている市町村の数は、一九八五年には三八〇だったものが一九九〇年には四九〇になり、当時の全市町村数の一六・四パーセントを占めた。最近では農作物被害だけでなく、サルが屋根の上を走ったり家の中に入ったりする生活環境被害も各地で報告されるようになり、事態はますます深刻化しつつある。

この本の主人公は、このように最近人里に定着しつつあるニホンザルたち、いわゆる「里のサル」である。サルは昔から山にしかいなかったように思われているが、ずっと時代をさかのぼれば平野部

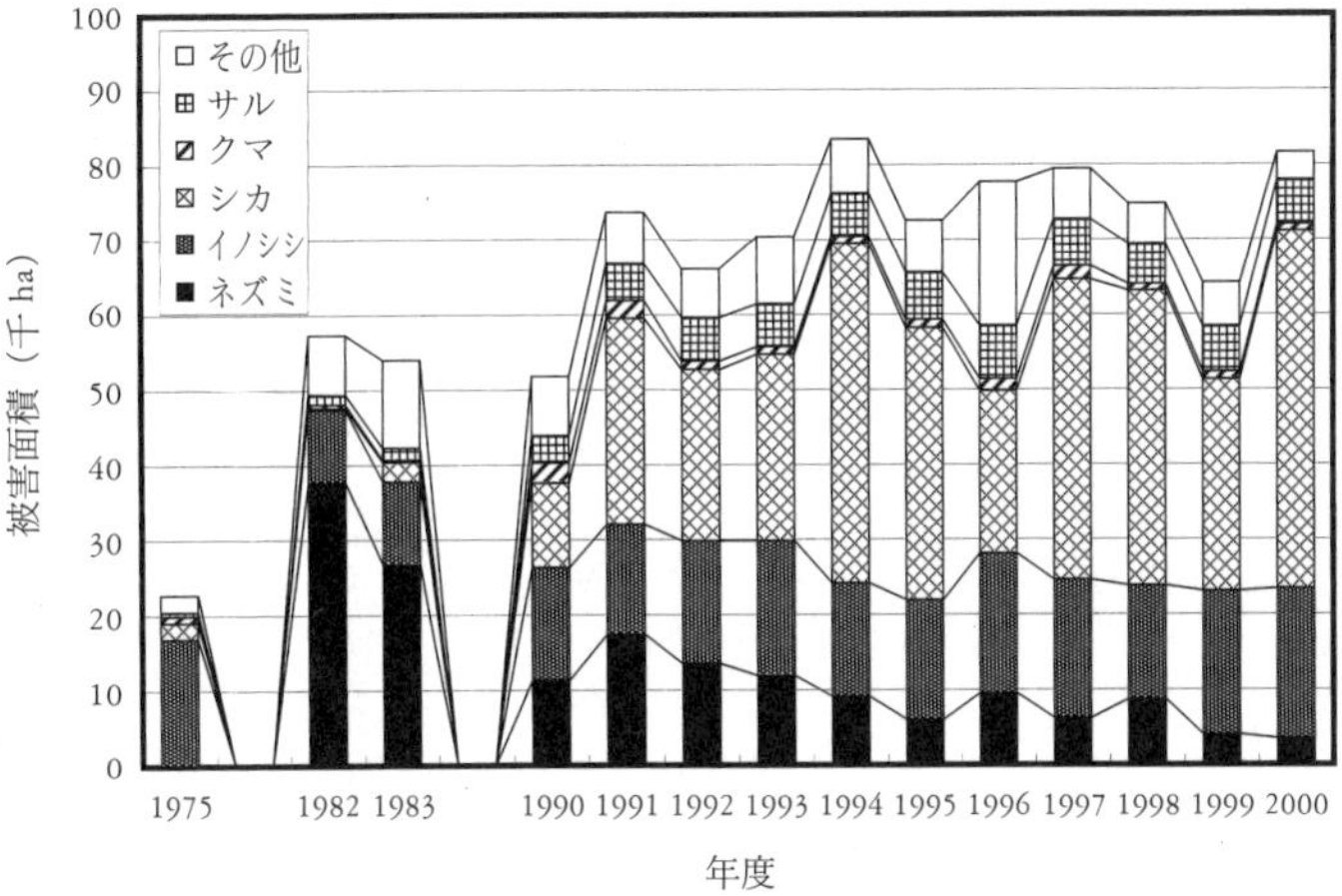


図 1-1　日本産哺乳類による農業被害面積の推移（農林水産省生産局植物防疫課）．シカによる被害が目立つが，北海道をのぞけばイノシシとサルによる被害が多い．

の森林にも広く分布していた。古い文献から推測すると、人間の生活範囲が広がるにつれて、シカなどのほかの野生動物と同じようにどんどん山のほうに追い上げられていったらしい。それが、ここ十数年の間に再び山から人里のほうに分布を広げはじめている。

なぜこんなことになったのか、ということについては、これまでさまざまなことが指摘されてきた（詳しくは第二章を参照）。生息地の攪乱や破壊、農村部の過疎化や高齢化、個体群の自然増加などが、そのおもなものである。

もちろん被害が起こるようになった歴史的背景を探ることは大切だが、それだけでは被害は決してなくならない。農作物被害を減らし、人とサルがなんとかうまくやってゆく方法はないのか。それを探るのがこの本のテーマである。

この本に書かれていることの多くは、生態学や行動学といった生物を対象とした自然科学の知見や理論にもとづいている。野生動物の保全や管理を考えるには、こういった自然科学の知識が基礎になる。ただ、野生動物とうまくつきあおうとするなら、対象となる動物のことだけを考えていては不十分なことが多い。被害を受けている側や管理をする側、つまり人間側の行動や特性にも配慮する必要がある。意外に思われるかもしれないが、被害を減らせないおもな原因が人間のほうにあることも少なくないからだ。このような理由から、この本では自然科学の範疇を大きく越えていることについても多くのページを割いている。

## 2　ニホンザルとはどんな動物か

ここで簡単にニホンザルの紹介をしておこう。対象となる動物の生態や行動について知ることは、野生動物の保全や管理を行なう際の基本である。

ニホンザルは、人をのぞけばもっとも北まで分布する霊長類として知られている。ほとんどの霊長類は熱帯や亜熱帯といった気温変化の少ない温暖な地域に生息しているが、ニホンザルは雪深い東北地方にまで分布していて、英語ではスノーモンキー（snow monkey）という別名までいただいている。雪とサルというのは、欧米の人からは不思議な組み合わせにみえるらしい。

外見的な特徴として、体毛は褐色から灰色、顔と尻には毛が少なくオトナになると赤くなる。体格はがっしりしていて、体長はオトナオスで五四〜六一センチメートル、オトナメスで体長四七〜六〇センチメートル、体重はそれぞれ十〜十五キログラム、七〜十三キログラムである。尾の長さは十センチメートルぐらいしかなく、アジアに生息しているほかのマカカ（*Macaca*）属のサルとニホンザルを区別する大きな特徴になっている。屋久島に生息するニホンザルはヤクシマザル（*M. f. yakui*）と呼ばれ、本州や四国・九州などに生息しているホンドザル（*M. f. fuscata*）とは亜種として区別されている。体格も若干小柄でずんぐりとしている。

最初にニホンザルが日本列島に渡ってきたのは、三〇〜四〇万年前だといわれている。その後なんどか氷期を経験し、分布の拡大と縮小を繰り返しながら、現在のような寒冷地への適応能力を獲得した。現在は下北半島を北限、鹿児島県の屋久島を南限として、海抜〇メートルから二〇〇〇メートルを越える地域まで、気温、標高、積雪量、植生などのまったく異なる多様な環境に生息している。このことは、ニホンザルにはさまざまな環境条件に適応する能力が備わっていることを雄弁に物語っている。環境適応能力の高さは、近い仲間であるアカゲザル（*M. mulatta*）などマカカ属のサルにある程度共通している特徴といえるだろう。

おもな生息環境は落葉広葉樹林と常緑広葉樹林だが、常緑針葉樹林を休息地や泊まり場として利用することも多い。行動域の広さは、ホンドザルでは数平方キロメートルから数十平方キロメートルだが、ヤクシマザルの場合はずっと小さくて、せいぜい一～二平方キロメートルである。下北半島に生息する集団では、八〇平方キロメートルを越える例も観察されているほか、季節移動をする集団では一〇〇平方キロメートルを越えることもある。活動パターンは二山型で、早朝と夕方に採食のピークがくることが多い。休息と採食、移動を繰り返しながら、山の中を動き回る。

果実（堅果を含む）・種子・若葉・花・きのこ・成葉・草本・樹皮・冬芽などの植物性食物をおもな食物とする雑食性だが、昆虫などの動物性のものも好んで食べる。地域によって食べるものはずいぶんと変わる。少ないところで年間約五〇種類、多いところでは三七〇種もの食物を食べると記録されているが、主要な食物はせいぜい数十種類である。

季節によっても食物は変化する。春は若芽や若葉、花がおもに食べられ、晩春から秋にかけては、さまざまな果実と昆虫などがおもな食べ物になる。暖温帯では成熟葉はほぼ一年中食べることができるが、冷温帯では広葉樹が落葉してしまうため、冬の食べ物は落果や樹皮、冬芽、草本などに限られてしまう。積雪地域では落果や草本なども利用できなくなり、とても厳しい食生活になる。一年を通してみれば、秋と春が食べ物が豊かで夏と冬が乏しく、北にゆくほど冬が厳しくなると考えてよいだろう。

ニホンザルは、複数のオトナオスとオトナメス、コドモを含む十数頭からときには百頭を越える集団を作って生活している（表1-1）。一般に、暖温帯林に生息している群れのほうが冷温帯林の群れよ

表 1-1　ニホンザル自然群の平均集団サイズ
(Yamagiwa & Hill 1998 の Table 1 を改変)

| 森林のタイプ | 平均集団サイズ（頭） | 範囲（頭） |
|---|---|---|
| 冷温帯林 | 34.9 | 8–86 |
| 暖温帯林 | 74.8 | 17–161 |
| 暖温帯／亜熱帯林 | 27.1 | 13–47 |

りも集団サイズが大きいことが知られている。ただ亜種であるヤクシマザルでは、大きな群れでも五〇頭を越えることはほとんどない。隣接する集団の行動域はふつうはあまり大きくは重ならないが、分裂直後だったり何らかの攪乱があったりすると重なりが大きくなることがある。群れ同士の関係は、ホンドザルとヤクシマザルとではだいぶ異なっている。ヤクシマザルでは出会ったときに攻撃的な交渉が見られることがあるが、ホンドザルでは目立った社会交渉がなく、平穏にわかれることも多い。

餌づけ群など特殊な場合をのぞけば、オスは四歳ぐらいから生まれた群れを離れはじめ、一生の間よその群れに入ったりハナレザルとして生活することを繰り返す。一方、メスは生まれた群れから離れることなく一生を終える。野生のニホンザルでは、メスは四～五歳で初めて発情し、六～七歳で初産を迎えることが多い。飼育下や餌づけされている群れでは、発情や初産が一～二歳程度早くなることが知られている。野生下では、二、三年に一回出産することが多く、双子を産むことはほとんどない。一方、オスは五～六歳くらいから子どもを作れるようになるが、一人前の体格になるのは七歳以降である。交尾季は秋から冬、出産季は春から夏だが、地域によってかなり時期がずれる。野生下での寿命についてはあまり知られていないが、二〇歳を越えることはほとんどないと考えられている。一方、飼育下や餌づけされている群れでは、三〇歳を越えることもある。農作物を食べるようになるとサルたちの生態や行動にさまざまな変化が起こる。それについては第二章で詳しく述べることにしたい。

## 3　報告書は何を語る？

わたしが猿害に取り組みはじめたのは、一九九六年十月のことである。学位をとってからもしばらく定職につけなかったときに、猿害対策の研究をするということで農林水産省森林総合研究所関西支所（現　独立行政法人森林総合研究所関西支所）に科学技術特別研究員として採用された。猿害の研究をするという名目で採用されたとはいえ、それまで霊長類の社会行動をおもな研究テーマにしていたので、猿害については「全国各地で起こっていて社会問題になっている」ということ以外ほとんど何も知らなかった。そこでまずはじめにしたことは、これまでに出されている猿害に関するさまざまな報告書を読むことだった。

報告書には、各種の情報を集めて全国的な被害状況の傾向を分析しているものと、都府県や市町村の委託事業として限られた地域のニホンザルの生息状況や被害状況を調査しているものがあった。とりあえず手に入る報告書を片っ端から読み続けるうちに奇妙なことに気づいた。どれもなんとなく似ているのである。

もちろん書かれている内容はさまざまであり、分析方法や結果も地域によって若干異なる。しかし、推測される被害発生の原因や被害対策の問題点、野生動物管理の体制作りなどの今後の課題については、どの報告書を読んでも大同小異でほとんど違いがないように感じられた。それに、指摘されている被害発生の原因や被害対策のほとんどは、最初にまとまった報告書が出はじめた一九八〇年代にすでに指摘されていることばかりなのだ。

こう書いたからといって、報告書の内容がでたらめだとか古くさいといいたいわけではない。それぞれの報告書では、いくつもの重要な問題が指摘されており、被害軽減を考える上で必要な資料や内容がきちんと盛り込まれているものも多かった。

では、このような報告書が数多くあるにもかかわらず、なぜ全国各地で被害が続いていたのか。「報告で指摘されている問題点を行政が解決しようとしなかったからだ」という意見もあるだろう。確かにそうかもしれないが、根本的な問題は別のところに潜んでいるように思う。それは一言で言えば、視点が違うということである。

自動車事故を例に考えてみよう。事故が起こると、まず最初に原因の解明がはじまる。機械の故障か、単純な操作ミスか、それとも不可抗力か。いくつかの原因が積み重なった結果であることも少なくないが、重要なのはまず原因を明確にすることである。その上で、なぜそのような故障やミスが起きたかを考え、今後そのようなことが起きないようなシステムに変えるという手順になる。

人間によるミスが原因となった事故を分析するときにもっとも重要なのは、なぜそのようなミスが起きたのかということ、いいかえれば本来円滑に進むはずの手順がなぜ阻害されたのかという要因を探ることだ。ときには「眠かった」というような個人的な事情に帰着できる要因もあるだろうが、道路の立体構造が悪いとか、見誤りが起こりやすいような位置に標識があるとか、過誤が起こってもしかたのない状況が発見されることもある。こういった要因分析は、事故防止には不可欠のものであり、実際に自動車事故や航空機事故の防止などさまざまな分野で似たような手法が用いられている。

ここまで読まれたかたはすでにお気づきになっているかもしれない。そう、ニホンザルによる農林業被害の報告書には、サルの生息状況、被害発生の背景や被害状況、あるいは現在実施されている被害対策の記述はあっても、被害発生の直接的な原因や解決方法の分析がほとんどなかったのだ。いいかえれば「どのような状況で、何が原因で被害が起こるのか。それを防ぐためには何をすればよいのか。被害対策がうまくいかない理由は何なのか」というようなことについては、あまり深く分析されてこなかったのである。

じつは今でこそ、さも当然のように指摘しているが、そのことに気づいたのは恥ずかしながらずっと後の話である。その当時は「どこで調べても同じような結果しか出てこないのに、これ以上この手のことを調べても意味があるんだろうか」と思っただけだった。つまりその当時は、わたしもこれまでの報告者と同様の視点しか持ち合わせていなかったわけである。

報告書を読むかたわら、サルによる被害を防ぐ先行研究を調べることもはじめた。ところが、サルの被害防止に関する文献はほとんどないことにすぐに気づくこととなった。最近になってやっと保全との関連で被害管理にも目が向けられ、霊長類を対象とした論文が国際学術誌に発表されるようになってきたが、その当時はほとんど論文は出ていなかった。ただし、シカをはじめとするほかの野生動物による被害防止のための試験や研究は欧米では数多く行なわれており、それについてはさまざまな報告書や論文が出ていた。こういった報告書類は参考になることもあったが、何となくピントがずれているということも少なくなかった。

## 4　被害現場へ

いつまでも報告書や論文を読んでいるわけにもいかない。とにかく現場に行って手がかりをつかみたい。自分で調査をすれば、報告書に書かれていないことが見えてくるかもしれない。それからいろいろ考えることにしよう。そう思ったわたしは、当時森林総合研究所関西支所の鳥獣研究室長だった北原英治さんに相談し、三重県林業技術センター（現　三重県科学技術振興センター）の奥田清貴さんを紹介していただき、調査地の選定も兼ねてシイタケのホダ場を見せていただくことになった。

シイタケは、ニホンザルによる被害がもっとも早くから報告された農林産物である。わたしが連れていってもらった大宮町は、かつては三重県でも有数のシイタケ産地だったが、十数軒あったシイタケ農家が一九九六年にはわずか二軒にまで減っていた。露地栽培のシイタケは、高級干しシイタケとして栽培されるほか、正月用の生シイタケとして高値で取引される。中国産の干しシイタケによる価格破壊が起きて多くのシイタケ農家が撤退したあとも、意欲のある農家は質のよいシイタケを作って収益を上げつづけてきた。だが、国際競争に打ち勝った優良シイタケ農家も、サルの食害には有効な解決策を見つけられていなかった。

ふつうシイタケの露地栽培は、スギやヒノキの林床にクヌギやコナラなどのホダ木を並べて行なわれる。適当な時期に良好な収穫をえるためには、間伐や枝打ちなどによる日照の調節や散水などが欠かせない。しかし、シイタケの生育にとって理想的な環境が整ったこのような状況でサルの食害を防ぐのは、なかなかの難題なのである。まず、ホダ木の周りには高木が立ち並んでいるので、周囲にネットや電気柵を張っても上からの跳び込みを防げない。かといって、天井にまでネットを張ると、落枝が多い針葉樹林の中ではすぐにネットの上に枝が積み重なってしまう。結局柵やネットで囲うことはできないということになり、音や光などで脅かすか、イヌや人が番をするしか方法がなくなる。

実際、シイタケやタケノコへの被害を防ぐ有効な方法はいまのところまだ見つかっていない。一部の地域では追い払いを精力的に実施しているが、農地と違ってホダ場は集落から少し離れたところにあることも少なくないので、追い払いをするのもかなり骨が折れる。おそらくシイタケやタケノコを栽培している土地の周辺を切り払って柵などで囲うのが、もっとも現実的な解決策だろう。ただし、費用はかなり高額になる。

奥田さんにつれられてあちこちの現場を見たりシイタケ農家から話を聞いたりするうちに、具体的な技術開発などにすぐに取り組む前に、被害を出しているサルの基礎的な生態調査を一通りやってみたほうがよいのではと思いはじめた。最初から被害防止の研究に取り組めればそれに越したことはないのだが、やみくもにはじめても失敗するような気がしたからである。

ニホンザルの生態や行動の研究のほとんどは、餌づけや人づけによって至近距離からの観察が可能になった集団を対象としている。一方、農林業被害を出しているような集団には簡単には近づけないため、そのような集団の生態を研究するには、サルに発信器を装着して電波を手がかりに追跡するラジオテレメトリーという方法が広く用いられている。この方法を使うには、まずサルを捕まえなければならない。それまで野外でサルの捕獲や麻酔をしたことがなかったので、野生動物保護管理事務所の白井さんに頼みこんで、和歌山県で実際に行なわれる捕獲作業に同行させてもらうことにした。

現地に到着して捕獲されたサルとの対面がすんだら、いよいよ作業開始である。どのようなことをやるのかは頭ではだいたいわかっていたのだが、現場で白井さんが身体計測、遺伝的試料を集めるための採血、電波発信器の装着等、次々とあざやかな手つきで作業をすまされてゆくのを見て、「自分でもできるかな」と少々不安になってしまった。そのあと実際に、自作の檻でサルを捕まえることになったのだが、麻酔薬がなかなか効かなかったり、採血がうまくゆかなかったり、全身汗だくになりなが

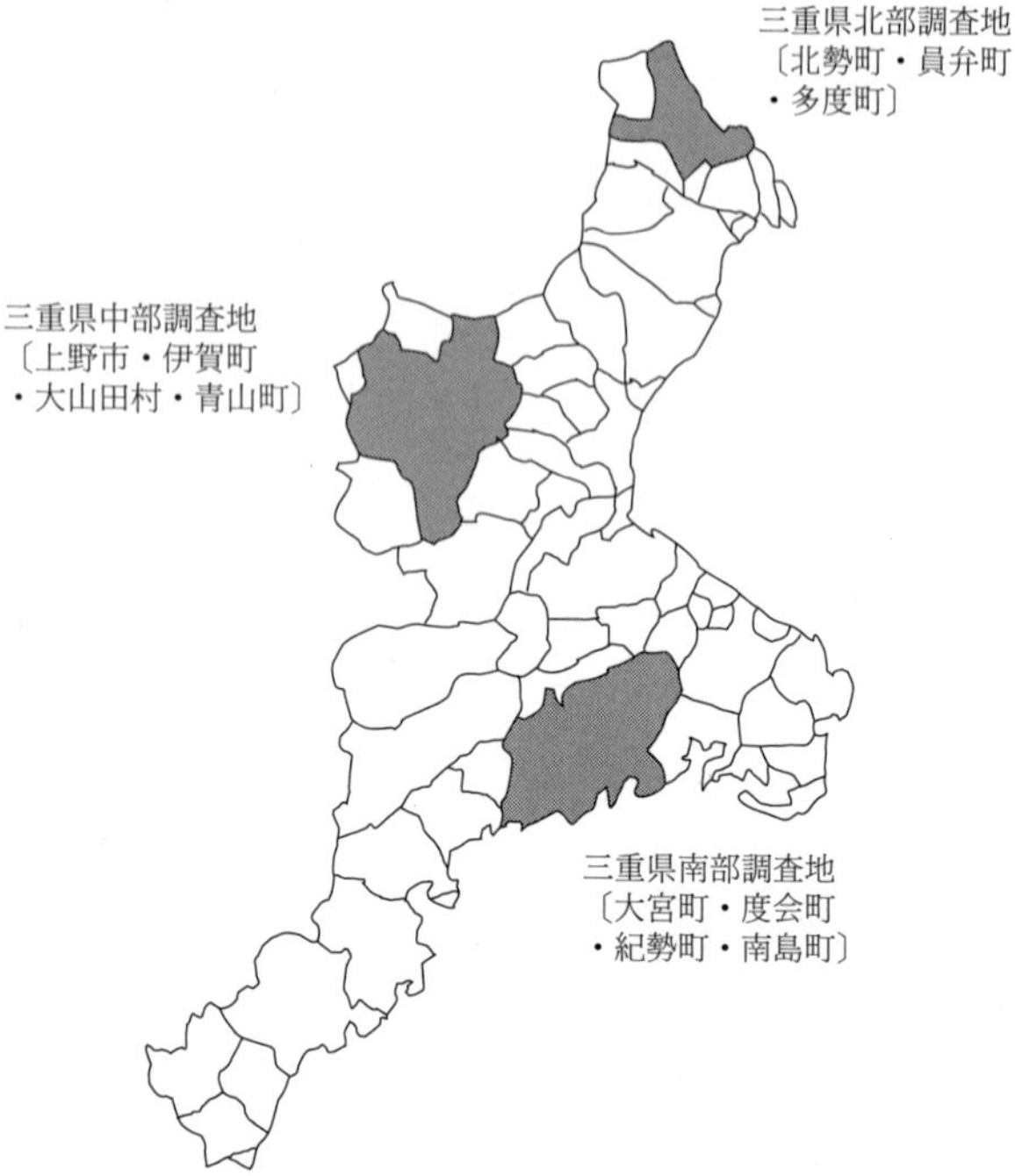


図 1-2　三重県の調査地．1997〜2001 年にそれぞれの地域で，発信器を装着した追跡調査を 1〜3 年間実施した．

らようようのことで作業を終えたことを覚えている。

はじめて発信器をつけた個体の追跡調査をしたのは、三重県の大宮町である（図1-2）。受信機と八木アンテナを使って、サルに装着された発信器から出る電波を受信して電波の来る方角を計測し、その交点（もしくは三角形の重心）にいると推定するのだが、慣れないうちはなかなか正確な位置がわからずにうろうろすることが多かった。集団を追跡していても、サルを観察できることはほとんどなく、たまに道路を横切るときに個体数をカウントするぐらいだった。毎日サルの集団をはるか後ろから追いかけながら、「こんなことをしていて被害を防げるようになるのだろうか」と思う日々が続いた。

ところで、アンテナと受信機を持ってうろうろしている怪しげな人間は、地元の人たちの格好の話題になる。調査中に話しかけられることも少なくない。最初にかけられる言葉は、

「なに調べてるの」

である。被害地域では

「保護か?」

と聞かれることも少なくない。これは「自然保護団体か?」「動物愛護団体か?」の略である。

動物愛護団体はこんなところにも来るのか、と思いながら「いや、県の調査でサルを調べてるんです」と答えると、そのあとに出てくるのはサルの目撃談や体験談の洪水である。

「とにかく畑のもん全部サルに盗られてしもて、何にも収穫でけへん」

「田んぼのそばに生えてるヤマモモはようけ実がなるんやけど、サルが食べてしまうさかいここ十年ほど食べたことない」

「かぼちゃ両脇に抱えて二本足で走るんや。屋根に登ってからゆうゆうと食べよる」

「もうちょっと行儀よう食べたらまだましなんやけど、サルは食い散らかしたり遊んだりするさかい」

「冬になると瓦めくってカメムシを食べる」

「屋根の上走り回るさかい、アンテナ折ったり樋をはずしたり瓦ずらしたり、とにかくたいへんなんや」
「前は開けっぱなしやったけど、最近はサルが入るさかい戸締りするようになった」
「うちの田んぼの畔にだれかずっとすわっとるなぁとよう見たらサルやった」
「台所仕事してて後ろにだれか立った気がして、振り向いたらサルがいてびっくりして腰抜かした」
「サルは撃とうとすると手合わせて拝むさかい撃つのはいやや」

フンフン、と相槌を打ちながら聞いていると、瞬く間に三〇分や一時間くらい経ってしまう。厳しい顔で被害の深刻さを訴え、サルなんて皆殺しにしてしまうべきだという人もいたが、調査をしているというと、自分の被害を例にあげて、いかにサルが器用で頭がよいかということをこと細かく説明してくれる人も少なくなかった。道端でサルが出てくるのを待っていると、近所のおじさんがドリンク剤を持ってきてくれて、一緒に座って話し込んでいるうちにサルに逃げられたこともあった。好むと好まざるにかかわらず、サルはすでに里に住む人々の生活の中に深く入り込んでいる。それが、印象として強く残った。

一九九七年五月からはじめた大宮町での調査は、発信器を装着したオスが群れから移出したため、猿害を出している集団の生態をさぐるという当初の目的ははたせなかったが、なんとか追跡は続けることができた。都合の悪いことに、発信器を装着して数ヵ月でそのオスが死んでしまい、満足なデータが得られないまま終わってしまったが、猿害を起こしているサルの生活の一端を知る調査となった。サルの生態そのもののデータよりも、サルによる被害が発生する状況とはどんなものかというのを知ることができたのが何よりの収穫だった。

## 5　猿害を「研究」する

追跡調査をしていると、「ああもうすぐサルがあの畑の作物を荒しにゆくな」とわかることも少なくない。データを取ることを優先するなら、畑荒しをしているからといって追い払いにゆくわけにはゆかない。サルが去ったあと、その畑にゆくとダイコンやネギが無残に散らばっている。ダイコンは首の甘いところだけ、ネギは根元の近くの白いところだけを少しかじって、あとはほったらかし（写真1－1）。一部だけ食べてあとは手付かずのままという食べ方は、農家の憎しみを増幅させる。

自分のうちでしか食べないものを作っている農家にとって、畑はいつでも好きなときに新鮮な野菜をとりにゆける、野菜専用の冷蔵庫である。サルやシカが畑を荒らすというのは、言いかえれば自分のうちの冷蔵庫をだれかが開けて、中のものを盗んでいってしまうのと同じことなのだ。まして畑のものは、丹精込めて自分が作ったものである。都会に住む孫や子どもたちに送ることを楽しみにしている人も多い。サルに荒されて怒り悲しまない人はいないだろう。

大規模に作っている農家の場合も深刻である。農家の収支は、天候や市場の動きなどさまざまな要

写真 1-1　サルに食べられたネギ（上）とカキ（下）．ネギは根元の白い部分だけが食べられて捨てられる．カキはふつうは熟してから食べられるが，猿害のひどいところでは青いうちから食べられることもある．

素に左右されるため不安定なことが多い。最近は機械化が進んで効率的になったものの、農業だけの収入で生活できるほど収益を見込めることは多くない。悪天候や病虫害でほんの少し被害があっただけで、赤字に転落することもざらである。そのような状況でサルが出てきて食い散らかせば、恨みを買うのは当たり前である。

「被害がたいへんなら農業補償をせよ」という意見もある。確かに一部の国でやっているように、被害が起きるというのを前提にして農業を営み、減収分を補塡してもらうというシステムなら、まだ納得する人もいるかもしれない。だが、単に金銭的に償われたからといって、それだけで満足する人は多くはないだろう。自家消費用であれ、出荷用であれ、農家にとっては畑仕事そのものが生きがいなのだ。被害が問題なのは、農作業の充実感や達成感の証である農作物を収穫する歓びを奪ってしまうからである。

こういった被害農家にとって、「野生鳥獣は国民共通の財産である」とか、「生態系の中でニホンザルが果たしている役割の重要性を考えるべきである」といった（科学的にはおそらく正しい）意見は、傍観者の論理でしかない。たとえ被害農家がこういった論理に納得して、被害を出すニホンザルの存在に理解を示してくれたとしても、彼らに精神的な苦痛や経済的な負担を押しつけている現状は何もかわらない。研究者が拡大造林や奥山開発による生息地の破壊が被害問題の元凶であると指摘しても、それだけで猿害がなくなるわけでもない。

猿害にかかわりはじめてからは、前述した白井さんをはじめとして、それまでほとんど接点のなかった、野生動物管理に真剣に取り組んでいる人たちと知り合う日々が続いた。さまざまな行政機関の人や被害にあっている農家の人たちと、被害やニホンザルについて話す機会も多くなった。そこで感じたのは、「被害の実態についてはみんなよく知っているけれど、どうしたら被害を防げるかということについては、あまりよくわかっていないのかもしれない」ということだった。

少なくとも、報告書に書かれているようなことは、猿害にかかわっている人ならほとんど常識として知っている。にもかかわらず、なぜ被害は止まらないのか。それはたぶん、一部の例外をのぞけば、ほとんどの人はこれまで「被害を止める」ということを中心に考えてこなかったからだろう。野生動物の管理体制の不備云々という前に、まず被害そのものの研究、被害を防止するための研究をしないと現状を変えられないんじゃないか。それが、最初の一年ぐらいの間に得た結論だった。

とはいうものの、何をどうすればよいのか。そこで最初に考えたのは、「なぜ被害が起きるのか」という、これまで繰り返し議論されてきた問題である。次章では、それについて考えることにしよう。

第二章◎

# 被害はなぜ起きる?

## 1　なぜ農作物に対する被害が起きるのか

なぜサルは農作物の被害を出すのか。そう聞かれたら、みなさんはなんと答えるだろうか。「山がスギやヒノキの林に変わってしまって、食べ物がなくなってしまったから」「畑にあるもののほうが、栄養があって美味しいから」「サルが人間を怖がらなくなって、里にサルがよく来るようになったから」などなど。どれも正しそうな答えである。

では、ここで少し視点を変えてみよう。被害というのは、栽培しているカボチャやシイタケをサルが食べることで起こる。では、なぜサルはカボチャやシイタケを食べるのか。それは、お腹が減っているからである。ここで注意が必要なのは、空腹なら何でも食べるというわけではないということだ。人間を例にとって考えればわかるが、いくら空腹だからといって、いきなり生の昆虫を食べたりする人は、少なくともいまの日本にはほとんどいない。空腹のときに食べるのは、あくまで「食べ物」だけである。ご飯も、ハンバーガーも、納豆も、それが食べ物だと認識されているからこそ食べられる。

この論法でゆくと、被害が起きるのは「サルが農作物を自分たちの食べ物だと認識しているから」ということになる。そんなことあたり前じゃないか、と言われるかもしれない。でもよく考えてみてほしい。どんなにサルが人里近くに来ようと、サルが田畑のものを自分たちの食べ物だと思わなければ何も起こらない。田畑にあるものが食べられるものだと知っているから、サルはやってきて被害を起こす。サルが農作物の味を覚えたとき、それが言ってみれば被害のはじまりなのだ。

意外に思われるかもしれないが、人里に下りず山で暮らしているサルにカボチャなどの農作物を与えても、せいぜい匂いをかぐくらいでなかなか食べようとはしない。生まれたときから固形飼料だけで飼育されているサルも同様である。食べたことのないものは、たとえそれが甘くて栄養があるものでもすぐには口にしないのだ。ところが、繰り返し与えられ続けると、恐る恐るためしに口に入れるようになり、やがて食べられることに気づく。そうなると一生カボチャの味を忘れることはなく、あれば食べるようになる。

これと同じことが、実は農地では起こっている。最初は目立たない範囲でときおり作物を口にしていたのが、それを繰り返しているうちに「この作物は食べ物だ」と認識するようになる。そのうち周りにあるほかのものも試してみるようになり、トウガラシなどごく少数のものを除いて、すべて食べるようになってしまう。ある人が「畑生まれの畑育ち」と表現したように、母親について農地に出てきたアカンボウは、農作物こそが自分たちの食べ物だと覚えてしまう。その結果、機会があれば農作物を食べようとするサルが誕生してしまうのである。

あるものを食べ物だと認識するメカニズムは、種によって大きく異なる。生まれながらに自分の食べるものを知っている動物もいるが、ニホンザルは食べられるものを生得的にすべて知っているわけではない。これまでの研究から、おそらく成長の過程で、試行錯誤を繰りかえしながら食物レパートリーを獲得してゆくのだろうと推測されている。つまり、コドモからオトナになるまでに、あるいはオトナになってから、農作物を食べ物だと学習する機会があったからこそ、被害を起こすサルになったと言えるだろう。だから被害をなくしたければとにかく農作物を食べさせないこと、農作物を食べ物とは思わせないことである。この原則が守られれば、それだけで被害はなくなる。

問題は、だれでもすぐわかることだが、被害が発生している地域では、この原則はすでに破られているということである。被害を止めたいのに、「食べさせないことが被害をなくすための原則だ」というのは循環論法だと思う人もいるかもしれない。ただ、「これ以上食べ物として認識される農作物をふやさない」ことで、被害品目の拡大を食い止めることはできるはずである。新しく生まれてくる子ザルたちに農作物を食べる機会を与えなければ、被害は少しずつ減るだろう。まずサルに食べられる機会をできるだけ減らすこと。それが、あらたな被害を生み出さないことにつながる。

## 2　なぜその場所で被害が起きるのか

農作物が食べ物であることを知ったサルはどんな農地にでも現れるかといえば、そんなことはない。ある農地で実際に被害が起こるかどうかには、もう少し複雑な事情がからむ。同じ作物が作られていても、いつも荒される畑もあれば、すぐ近くにあるのにほとんど被害にあわない畑もある。極端な場合、小道一つ隔てられているだけで被害を受けるかどうかが決まることもある。

なぜこのようなことが起こるのか。

被害は、サルが農地を自分たちの採食場所にすることによって起こる。いいかえれば、サルがある農地を「採食パッチ（食物パッチ）」とみなすかどうかで被害が発生するかどうかが決まるといってもよい。判断の手がかりにしているものはたくさんあるが、ごくおおざっぱにいえば、そこで採食することによって得られるもの（利益、ベネフィット）と失うもの（損失、コスト）とを天秤にかけて、差し引きの利益が大きいところを採食パッチとして選んでいると考えられる。あまりピンと来ないかもしれないので、いくつか具体的な例をあげて考えてみよう。

たとえば、ある畑Ａは林のすぐ近くにあり、別の畑Ｂは林から五〇メートル離れているとする。こんなときは、たとえまったく同じダイコンやカボチャがあったとしても、ほとんどのサルは畑Aで食べようとするだろう。畑Aならだれかが来てもすぐに林に逃げ込めて、危険な目にあう確率が低いからだ。もし畑Bの作物が畑Aの作物よりずっと魅力的だったら（たとえば畑Bではサルの大好物のトウモロコシが栽培されていて、畑Aにはニンジンしかなかったとしたら）、どちらを選ぶかはなかなかの難問になるかもしれない。この場合は、ニンジンではなくトウモロコシを食べることによる利益と、生命を奪われたり傷つけられたりする危険性という損失とのバランスが問題になる。

別の例として、ふだんサルがいる場所からうんと離れたところに、ほんの少しだけ野菜を作っている囲いのない畑があるとしよう。そこまでゆけば、労せずしてカボチャを食べることができる。でも遠いので、そこまでゆくのに結構お腹が減ってしまう。こういう場合、すごく空腹で周りに何も食べ物がないときなら出かけるかもしれないが、ふだんはあまりその畑に行こうとはしないだろう。ここでは、カボチャ採食の利益とそこまでの移動にかかるエネルギーの損失が判断のポイントになる。

群れの大きさも重要だ。ある畑はとても小さいとしよう。群れが小さければ、群れのサル全員がお腹いっぱい食べられる。でも大きな群れだと、その畑ではかなりのサルが空腹のまま帰ることになる。そうすると、次にその畑にゆこうとしたときに嫌がるサルが多くなって、結局そこにはゆかなくなってしまう、ということも起こるかもしれない。これは、農地という採食パッチの大きさによって、利用可能な集団サイズが制限されるために、集団全体の行動が変化するという例である。

生態学的に見れば、農地はサルにとっては理想的な採食場所といえる。農作物は自然のものに比べれば消化率や栄養価の高いものが多く、食べられる部分が多いため採食効率も高い。さらに農地は集落周辺に集中分布するため、山で食物を探して動き回るのとは対照的に食物探索にかける時間は少なくてすむ。このような環境があれば、サルがそれを手放そうとしないのは当然と言えるだろう。特定の農地や集落でだけ被害が出るのは、サルが少しでも利益と損失の差が大きいところを選ぼうとしているからである。

では被害を減らすにはどうすればよいのか。理論的な答えは簡単、農地採食による利益を損失が上回るようにすればよい。農地で採食することには、さまざまな損失が伴う。代表的なものは、採食行動そのものにかかる損失と生命への危険性にかかわる損失である。たとえば、農地が柵などで囲ってあると、それを乗り越えるのに多少なりとも時間と手間がかかる。これは、食物を食べられる状態にするためにかかる損失（ハンドリング・コスト）とみなすことができる。もし、林縁から離れた場所に農地があると、何かあったときに安全な場所（林縁）まで戻れない可能性がある。これは生命にかかわる損失として考えることができるだろう。こういった損失が利益を上回るようになれば、サルはその農地を採食場所として選ばなくなるから被害は止まるはずである。

ここに書いたのは、動物の採食行動を説明する理論として広く知られている考え方を、サルの農地採食に当てはめたものである。被害がサルの採食行動に起因するのであれば、このような考え方にもとづいた対策を考えられるはずである。これについては第四章であらためて詳しく考えることにしよう。

## 3　被害発生から拡大まで

被害は一度はじまるとなかなか止まらない。むしろ、拡大の一途をたどることが多い。サルによる被害拡大のプロセスについては、さまざまな報告書ですでに指摘されている。以下に述べることは、その概略である。

被害発生当初は、食物が不足するような時期や特定の好物が実る時期にしか農地を利用しないと言われている。この時期には、主要な採食場所はあくまで森林である。カキなど山にもともと近縁種が自生しているような種に対する食害からはじまり、そのうち畑に栽培されている農作物が被害にあうようになり、やがて水稲などに被害が出るとも言われている。ごく一般的には、農地での採食を繰り返すうちに、農地で採食する頻度や採食品目数が増えてゆくことが予想されるが、どのようなプロセスを経てそのような変化が起こるのかはいまのところあまりわかっていない。おそらく、その地域でのそれぞれの農作物の作つけ面積や、残された自然環境の豊かさ、あるいは偶然などの要素も多分に影響するだろう。

農作物を頻繁に食べるようになっても森林での採食がまったくなくなることはない。ただ、各種の農作物が重要な食物として新たに採食リストに加えられてゆくにつれ、森の中での採食の重要性は低下してゆくことが予想される。そのうち、田畑に農作物がない時期にも農地周辺の草本などを頻繁に採食するようになり、ますます集落周辺に定着するようになる。

表2-1と表2-2は、わたしが三重県北部の員弁町周辺と中部の大山田村周辺で集団を追跡調査したときの採食品目リストの一部である(図1-2参照)。追跡調査とはいえ、群れにあまり接近できない状態での観察だったので、採食品目全体を網羅しているとはとてもいえないが、集落周辺に定着しているサルの特徴がよく現れている。

員弁町の群れで一九九八年四月から二〇〇〇年一月までの調査期間中に採食が確認されたのは、自生している植物など一〇六種類一九二品目と作物種三二種類三七品目だった(表2-1)。ここでは品目を、葉(芽と葉柄を含む)、花(つぼみを含む)、茎(枝)、実(果実と種子)、そのほかの五種類に分類し、同じ種類の植物でも採食部位が異なる場合は、それぞれを一品目として数えている。自生している植物などの内訳は、木本種(つる性含む)五七種類一〇七品目、草本種(ササ、タケ、つる性含む)四六種類八二品目、そのほか(昆虫、土など)三種類三品目だった(未同定のものを除く)。代表的な採食対象は、木本種では、エノキ、クリ、コジイ、フジ、ミツバアケビ、ムクノキ、ヤブツバキなど、草本種ではイタドリ、オニノゲシ、カラスノエンドウ、クズ、コウゾリナ、タンポポ、レンゲ、タケノコなどだった。ほとんどの草本種は農耕地周辺か林縁で採食されており、金華山や屋久島など、人為的攪乱の少ない環境に生息しているニホンザルに比べ、草本種の種類が多いことがわかる。この群れでは、春から初夏にかけては多様な食物を採食する傾向が見られ、採食場所も林縁から広葉樹林、あるいは農耕地などさまざまだった。採食種類数は春から冬にかけて徐々に減少し、その傾向は草本種で顕著だった。一方農作物の採食品目数は、夏と冬に増加した(図2-1)。秋には、水田に並んでイネを食べる姿が頻繁に観察された(写真2-1)。

一方、大山田村周辺に生息する二集団(比自岐の群れと大山田の群れ)では、一九九八年一〇月から一九九九年一二月までの調査期間中に、自生している植物など九四種類一五五品目と作物種二九種類三〇品目が採食された(表2-2)。自生している植物などの内訳は、木本種五十種類八一品目、草本種四二種類七二品目、そのほか二種類だった(未同定のものを除く)。この地域の代表的な採食対象は、木本種では、エノキ、クリ、ヒサカキ、フジ、ミツバアケビ、ヤマノイモなど、草本種ではイタドリ、クズ、クローバー、コウゾリナ、レンゲ、タケノコなどだった。この地域では、草本種は春と夏に、木本種は春と秋によく採食され、作物種は秋から冬にかけて多く採食されていた。とくに冬は、自生植物の採食種類数が少なく、農作物に頼る傾向が顕著に現れていた(図2-2)。

農地での採食に依存するようになると、土地利用のしかたにも変化が起こる。それまでは、森の中を採食移動しながらときおり集落に現れていたのが、やがて集落とその周辺で採食と休息をして、その後別の集落へ移動するという行動パターンを示すようになる。集落が大きくその中で十分な食物が得られる場合には、その集落周辺に数日定着して集中的に利用し、ある程度採食してから次の集落へ移動するということも起こる。地域によっては、分散している複数の集落の農地を利用するために数

表 2-1　員弁町周辺に生息するニホンザルの採食品目リスト

| | | 採食部位 | | | | |
|---|---|---|---|---|---|---|
| | 植物名 | 葉・芽 | 花・つぼみ | 茎・枝 | 果実・種子* | そのほか・不明 |
| 自生種 | | | | | | |
| 草本種 | | | | | | |
| 1 | アカソ | | | ○ | | |
| 2 | アキノノゲシ | ○ | | ○ | | |
| 3 | アザミ | ○ | | ○ | | |
| 4 | イタドリ | ○ | | ○ | | |
| 5 | イチゴsp.(ヘビイチゴsp.) | | | | | ○ |
| 6 | オニタビラコ | | ○ | ○ | | |
| 7 | オニノゲシ | ○ | ○ | ○ | | |
| 8 | オランダミミナグサ | ○ | ○ | ○ | | |
| 9 | カスマグサ | ○ | | ○ | ○ | |
| 10 | カナムグラ | | ○ | ○ | | |
| 11 | カラスウリ | | ○ | | | |
| 12 | カラスノエンドウ | ○ | ○ | ○ | ○ | |
| 13 | カンサイタンポポ | ○ | | ○ | | |
| 14 | ギシギシ | ○ | | | | |
| 15 | クズ | ○ | | ○ | | |
| 16 | クローバー | ○ | | | | |
| 17 | コウゾリナ | ○ | ○ | ○ | | |

| | | | | | | |
|---|---|---|---|---|---|---|
| 18 | コセンダングサ | | | ○ | | |
| 19 | ササ | ○ | | ○ | | |
| 20 | シャガ | ○ | | | | |
| 21 | ススキ | ○ | | | | |
| 22 | スズメノエンドウ | ○ | | ○ | ○ | |
| 23 | スズメノテッポウ | | | | ○ | |
| 24 | スズメノヒエ | | | | ○ | |
| 25 | セイタカアワダチソウ | | | ○ | | |
| 26 | タイミンタチバナ | ○ | | ○ | | |
| 27 | タケノコ | | | ○ | | |
| 28 | タネツケバナ | ○ | ○ | ○ | | |
| 29 | タンポポ | ○ | | ○ | | |
| 30 | ツルマメ | ○ | | | | |
| 31 | ナズナ | | ○ | ○ | | |
| 32 | ニワトコ | | | ○ | | |
| 33 | ノアザミ | ○ | | ○ | | |
| 34 | ノゲシ | ○ | ○ | ○ | | |
| 35 | ハギ | | | | | ○ |
| 36 | ハコベ | | | ○ | | |
| 37 | ハルシオン | | | ○ | | |
| 38 | フキ | | | ○ | | |
| 39 | ヘクソカズラ | ○ | ○ | ○ | | |
| 40 | ホウズキ | | | | ○ | |

表 2-1　員弁町周辺に生息するニホンザルの採食品目リスト（続き）

| | | 植物名 | 採食部位<br>葉・芽 | 花・つぼみ | 茎・枝 | 果実・種子* | そのほか・不明 |
|---|---|---|---|---|---|---|---|
| | 41 | ムラサキサキゴケ | | ○ | | | |
| | 42 | メダケ | | | ○ | | |
| | 43 | ヤエムグラ | ○ | ○ | ○ | ○ | |
| | 44 | ヤブラン | ○ | | | | |
| | 45 | ヤマノイモ | | | ○ | ○ | |
| | 46 | レンゲ | ○ | ○ | ○ | | |
| | | イネ科草本 | ○ | | | | |
| | | ツル性草本 | | | ○ | | |
| | | ロゼッタ型草本 | ○ | | | | |
| | | 草本 | ○ | | ○ | | |
| 木本種 | | | | | | | |
| | 1 | アオキ | ○ | | | | |
| | 2 | アオハダ | ○ | | ○ | | |
| | 3 | アカメガシワ | | ○ | ○ | ○ | |
| | 4 | アカメモチ | ○ | | | | |
| | 5 | アケビ | ○ | ○ | | ○ | |
| | 6 | アジサイ | | | ○ | | |
| | 7 | アセビ | | | ○ | | |
| | 8 | アラカシ | ○ | | | ○ | |

| | | | | | | |
|---|---|---|---|---|---|---|
| 9 | イタビカズラ | ○ | | ○ | | |
| 10 | ウメ | ○ | | | | |
| 11 | ウラジロガシ | ○ | | | ○ | |
| 12 | ウルシ | ○ | | | | |
| 13 | エゴノキ | ○ | | | ○ | |
| 14 | エノキ | ○ | | | ○ | |
| 15 | カクレミノ | ○ | | | | |
| 16 | カナクギノキ | | | ○ | | |
| 17 | カラスザンショウ | ○ | | | | |
| 18 | クスノキ | | | ○ | ○ | |
| 19 | クマノミズキ | | | ○ | | |
| 20 | クリ | ○ | | | ○ | |
| 21 | クルミ | | | ○ | | |
| 22 | クワ | | | | ○ | |
| 23 | コウゾ | ○ | ○ | ○ | | |
| 24 | コジイ(スダジイ) | ○ | | ○ | ○ | |
| 25 | コナラ | ○ | | ○ | | |
| 26 | サカキ | ○ | | ○ | ○ | |
| 27 | サクラ sp | ○ | | | ○ | ○ |
| 28 | サツキ | | ○ | | | |
| 29 | サルトリイバラ | | | ○ | ○ | |
| 30 | シロダモ | ○ | ○ | ○ | | |
| 31 | スギ | | | ○ | | |

表 2-1　員弁町周辺に生息するニホンザルの採食品目リスト（続き）

| | | 採食部位 | | | | |
|---|---|---|---|---|---|---|
| | 植物名 | 葉・芽 | 花・つぼみ | 茎・枝 | 果実・種子* | そのほか・不明 |
| 32 | ソメイヨシノ | ○ | ○ | | ○ | |
| 33 | ソヨゴ | ○ | | ○ | | |
| 34 | タブノキ | ○ | ○ | ○ | ○ | |
| 35 | ツルウメモドキ | ○ | | ○ | ○ | |
| 36 | テイカカズラ | | ○ | | | |
| 37 | ナガバノモミジイチゴ | | | ○ | | |
| 38 | ナワシログミ | ○ | | | | |
| 39 | ナンテン | ○ | | | | |
| 40 | ヌルデ | ○ | | | | |
| 41 | ネズミモチ | ○ | | ○ | | |
| 42 | ネムノキ | | | | ○ | |
| 43 | ノブドウ | | | | ○ | |
| 44 | ハゼノキ | | | | ○ | |
| 45 | ヒサカキ | ○ | ○ | | ○ | |
| 46 | ピラカンサ | | | | ○ | |
| 47 | ビワ | | | | ○ | |
| 48 | フジ | ○ | ○ | ○ | ○ | |
| 49 | ミツバアケビ | ○ | ○ | ○ | ○ | |
| 50 | ムクノキ | ○ | | ○ | ○ | |

| | | | | | | | |
|---|---|---|---|---|---|---|---|
| | 51 | ムラサキシキブ | | | | ○ | |
| | 52 | ヤシャブシ | ○ | | | | |
| | 53 | ヤツデ | ○ | | ○ | | |
| | 54 | ヤブツバキ | ○ | ○ | ○ | ○ | |
| | 55 | ヤマウルシ | ○ | | | ○ | |
| | 56 | ヤマグワ | ○ | ○ | ○ | | |
| | 57 | リョウブ | ○ | | | | |
| | | 広葉落葉樹 | | | | | ○ |
| | | 対生常緑ツル | ○ | | ○ | | |
| 作物種 | | | | | | | |
| | 1 | イチジク | | | | ○ | |
| | 2 | イネ | | | | ○ | |
| | 3 | ウリ | | | | ○ | |
| | 4 | エンドウ | | | | ○ | |
| | 5 | カキ | ○ | | | ○ | |
| | 6 | カブ | | | | ○ | |
| | 7 | カボチャ | | | | ○ | |
| | 8 | キュウリ | | | | ○ | |
| | 9 | キンカン | | | | ○ | |
| | 10 | サツマイモ | | | | ○ | |
| | 11 | サトイモ | ○ | | ○ | | |
| | 12 | サヤエンドウ | | | | ○ | |
| | 13 | シイタケ | | | ○ | | |

表 2-1　員弁町周辺に生息するニホンザルの採食品目リスト（続き）

| | | 採食部位 | | | | |
|---|---|---|---|---|---|---|
| | 植物名 | 葉・芽 | 花・つぼみ | 茎・枝 | 果実・種子* | そのほか・不明 |
| 14 | ジャガイモ | | | | ○ | |
| 15 | スイカ | | | | ○ | |
| 16 | セロリ | | | ○ | | |
| 17 | ソラマメ | | | | ○ | |
| 18 | ダイコン | ○ | | | ○ | |
| 19 | ダイズ | | | | ○ | |
| 20 | タマネギ | | | | ○ | |
| 21 | トウモロコシ | | | ○ | ○ | |
| 22 | トマト | | | | ○ | |
| 23 | ナス | | | | ○ | |
| 24 | ニンジン | | | | ○ | |
| 25 | ネギ | | | ○ | | |
| 26 | ハクサイ | | | ○ | | |
| 27 | ホウレンソウ | ○ | | | | |
| 28 | マメ | | | | ○ | |
| 29 | ミカン | | | ○ | ○ | |
| 30 | ムギ | | | | ○ | |
| 31 | ユリ sp | | ○ | | | |
| 32 | 落花生 | | | | ○ | |

| | |
|---|---|
| そのほか | キノコ<br>昆虫<br>土 |

*作物種の場合，収穫される部分が地下にできる場合（カブなど）も，果実・種子に分類している.

十平方キロメートルという広範囲を移動することもある。農地で採食することが多くなると、一日のうちの休息時間が増え、採食しながら移動することが少なくなる。また、集落間の森林がスギやヒノキの植林地の場合には、ある集落から別の集落へ採食をほとんどはさまず短時間で移動することも観察されている。農作物の有無にかかわらず多くの時間を集落周辺で費やすようになると、農作物への依存の程度は最大に近くなっているといえるだろう。

　農作物を採食するようになると、さまざまな変化が起こると推測される。まず考えられるのは、野生の食物だけを食べているサルに比べ栄養状態がよくなるということである。栄養状態がよくなると死亡率の低下、出産率の上昇、初産齢の低下、寿命の延長などの変化が起こる（死亡率や出産率、初産齢など、個体数の増減に関係する人口学的指標を個体群パラメータとよぶ）。たとえば、農作物などを採食しない野生群ではせいぜい二〜三年に一度しか生まれないアカンボウが餌づけ群ではもっと短い間隔で生まれるようになったり、本来二〇〜三〇パーセントの新生児死亡率が一〇パーセント程度にまで下がったりすることが報告されているが（表2-3）、これと同様の現象が農作物を食べているサルで起こ

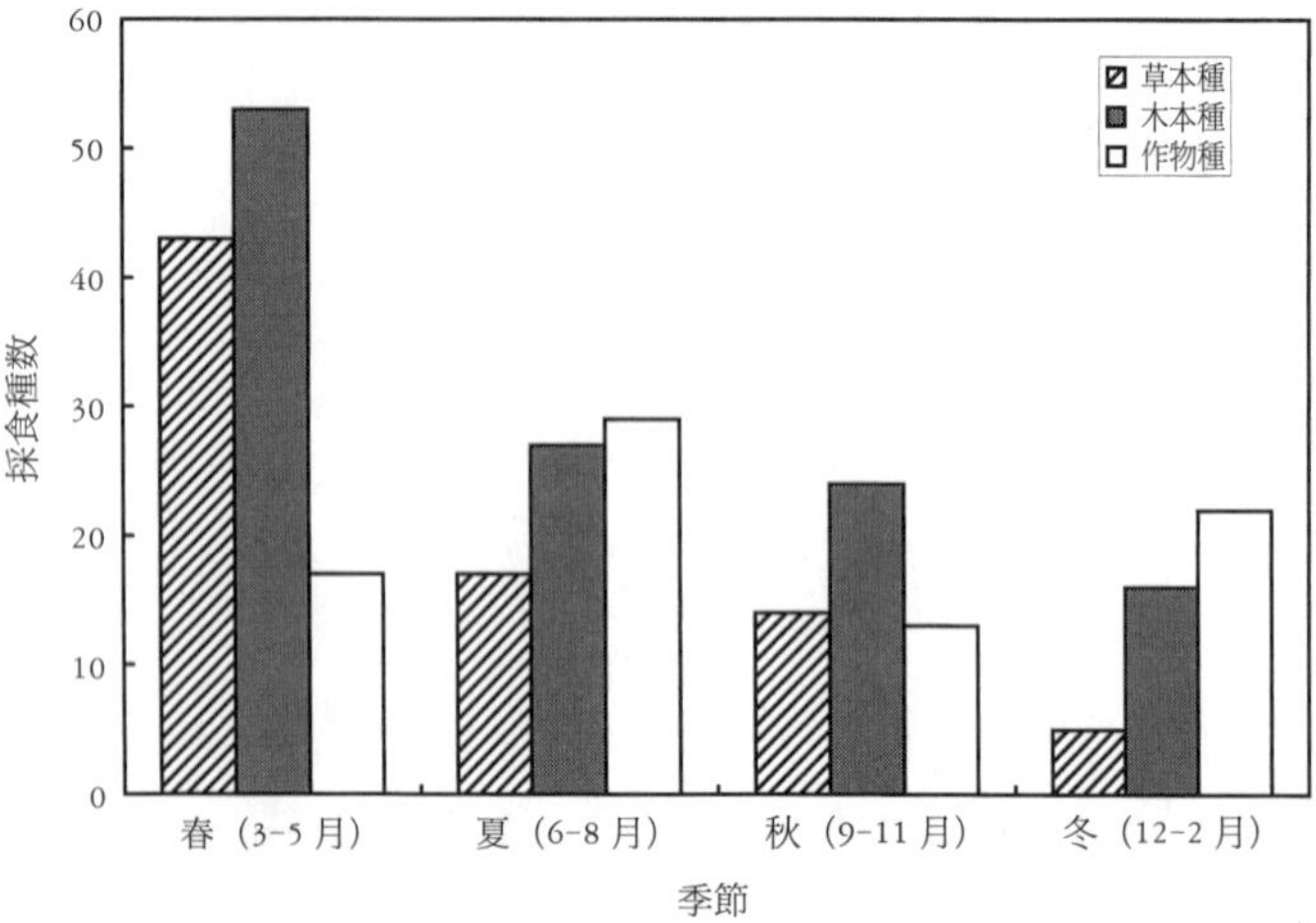


図2-1　員弁町周辺に生息するニホンザルの採食種数の季節変化．各季節の採食種数は，各月の採食種数を単純に合計した，延べ採食種数．

るわけである。たとえば、前述の員弁の群れでは、出産率は約六〇パーセントと推定され、一方、比自岐の群れの出産率は五〇～七〇パーセント、大山田の群れでは約五〇パーセントと推定されている。それぞれ道路横断のときのカウント結果からの推定なので、数え落しなどがある可能性が高く、さらに駆除による個体数の変動があるため、正確に出産率を確定することはできないが、少なくとも農作物を採食していない野生群よりは高いといえるだろう。

なお、このような変化のうち出産率の上昇は比較的把握しやすいのだが、死亡率の低下は長期的な追跡データがないとなかなか把握できない。とくに出産直後の新生児の死亡などは、集団に四六時中張り付いていない限り正確にはわからない。それに、被害を与えている集団は有害鳥獣駆除の対象になっていることが多く、それによる個体の消失が個体群動態に与える影響は無視できない。駆除によってどのような個体が除去されているかというデータがないので、集団の中で特定の年齢クラスの比率が高くても、その年齢に達するまでに自然に死亡する率が低いのか、ほかの年齢クラスの駆除による死亡率が相対的に高くて、みかけ上そのようになっているのかが判断できないことが多い。初産齢の低下や寿命の延長についても、駆除個体の年齢査定や繁殖状態の分析を行なえば調べることは可能だが、現状ではほとんど行なわれていない。

写真 2-1　イネの実る頃に，田んぼの畦に並んで採食しているサルたち（鈴木克哉さん提供）．

表 2-2　大山田村周辺に生息するニホンザルの採食品目リスト

| 植物名 | 葉・芽 | 花・つぼみ | 茎・枝 | 果実・種子* | そのほか・不明 |
|---|---|---|---|---|---|
| 自生種 | | | | | |
| 草本種 | | | | | |
| 1 アキノノゲシ | | | ○ | | |
| 2 アケビ | ○ | | ○ | | |
| 3 アザミ sp | ○ | | ○ | ○ | |
| 4 イタドリ | ○ | | ○ | | |
| 5 ウコギ sp | ○ | | ○ | | |
| 6 ウバユリ | | | ○ | | |
| 7 エノコログサ | | | | ○ | |
| 8 オオカモメヅル | | | ○ | | |
| 9 オニタビラコ | ○ | | | ○ | |
| 10 オニドコロ | | | ○ | ○ | |
| 11 オニノゲシ | | | ○ | | |
| 12 カラスウリ | | | | ○ | |
| 13 カラスノエンドウ | | | | ○ | |
| 14 キク科 sp | ○ | | ○ | ○ | |
| 15 クサイチゴ | | | ○ | | |
| 16 クズ | ○ | | ○ | ○ | |
| 17 クローバー | ○ | | ○ | | ○ |

| | | | | | | |
|---|---|---|---|---|---|---|
| 18 | コウゾリナ | ○ | | ○ | | |
| 19 | ササ | ○ | | ○ | | |
| 20 | サルトリイバラ | | | | ○ | |
| 21 | シシウド | | | ○ | | |
| 22 | シソ科 sp | ○ | | | | |
| 23 | スゲ | ○ | | | | |
| 24 | スズメノテッポウ | | | | ○ | |
| 25 | セイタカアワダチソウ | ○ | | ○ | | |
| 26 | タケ | ○ | | ○ | | |
| 27 | タチイヌノフグリ | | | ○ | | ○ |
| 28 | ツユクサ | | | ○ | | |
| 29 | ノゲシ | ○ | | ○ | | ○ |
| 30 | ハギ | ○ | | ○ | | |
| 31 | ハコベ | ○ | | | | ○ |
| 32 | ヒロハウシノケグサ | ○ | | | ○ | |
| 33 | フユイチゴ | | | | ○ | |
| 34 | ヘクソカズラ | ○ | | | ○ | |
| 35 | ホタルブクロ | | ○ | | | |
| 36 | メドハギ | | | | ○ | |
| 37 | メハジキ | ○ | | | | |
| 38 | メヒシバ | | | | ○ | |
| 39 | ヤマノイモ | ○ | | ○ | ○ | ○ |
| 40 | ユリ sp | ○ | | ○ | | |

表 2-2　大山田村周辺に生息するニホンザルの採食品目リスト（続き）

| | | 植物名 | 採食部位 | | | | |
|---|---|---|---|---|---|---|---|
| | | | 葉・芽 | 花・つぼみ | 茎・枝 | 果実・種子* | そのほか・不明 |
| | 41 | ヨモギ | ○ | | | | |
| | 42 | レンゲ | ○ | ○ | ○ | | |
| | | イネ科草本 | | | | ○ | |
| | | ツル性草本 | | | ○ | | |
| | | ロゼッタ型草本 | ○ | | | | |
| | | 水草 | | | ○ | | |
| | | 草本 | ○ | | ○ | | ○ |
| 木本種 | | | | | | | |
| | 1 | アオキ | | ○ | | | |
| | 2 | アオハダ | | | | | ○ |
| | 3 | アカメガシワ | ○ | | | | |
| | 4 | アジサイ sp | | | ○ | ○ | |
| | 5 | アベマキ | | | | ○ | |
| | 6 | アラカシ | ○ | | ○ | | ○ |
| | 7 | イタビカズラ | ○ | | | | ○ |
| | 8 | イチジク | | ○ | | ○ | |
| | 9 | イロハモミジ | ○ | | | | |
| | 10 | ウメ | | ○ | | | |
| | 11 | ウワミズザクラ | | | ○ | | |

| | | | | | | |
|---|---|---|---|---|---|---|
| 12 | エノキ | ○ | | ○ | ○ | |
| 13 | カシ類 sp | | | ○ | | |
| 14 | カヤ | ○ | | | | |
| 15 | カンバ類 | | | | | ○ |
| 16 | クリ | ○ | | ○ | ○ | |
| 17 | ケヤキ | ○ | | | | |
| 18 | コウゾ | | | ○ | | |
| 19 | コシアブラ | ○ | | ○ | ○ | |
| 20 | コナラ | ○ | | ○ | ○ | |
| 21 | コバノトネリコ | | | ○ | | |
| 22 | サカキ | | | | ○ | |
| 23 | サクラ | | | ○ | ○ | ○ |
| 24 | スギ | ○ | | | | |
| 25 | ソメイヨシノ | ○ | | | | |
| 26 | ソヨゴ | | | | ○ | ○ |
| 27 | タカノツメ | ○ | | | ○ | |
| 28 | タブノキ | ○ | | ○ | | |
| 29 | チャノキ(サザンカ) | | | | ○ | |
| 30 | ナワシログミ | | | ○ | | ○ |
| 31 | ニセアカシア | | | ○ | | |
| 32 | ヌルデ | ○ | ○ | ○ | ○ | ○ |
| 33 | ネジキ | ○ | | ○ | | |
| 34 | ネムノキ | | | | ○ | |

表 2-2　大山田村周辺に生息するニホンザルの採食品目リスト（続き）

| | 植物名 | 採食部位 | | | | |
|---|---|---|---|---|---|---|
| | | 葉・芽 | 花・つぼみ | 茎・枝 | 果実・種子* | そのほか・不明 |
| 35 | ノブドウ(ヤマブドウ) | | | | ○ | |
| 36 | ノリウツギ | | | ○ | | |
| 37 | ハンノキ | ○ | | | | |
| 38 | ヒサカキ | ○ | | | ○ | |
| 39 | ヒノキ | | | ○ | | |
| 40 | フジ | ○ | | ○ | ○ | |
| 41 | マテバシイ | ○ | | ○ | | |
| 42 | ミツバアケビ | ○ | | ○ | ○ | |
| 43 | ムクノキ | ○ | | | ○ | |
| 44 | モミジイチゴ | | | | ○ | |
| 45 | ヤシャブシ | | | | | ○ |
| 46 | ヤブツバキ | ○ | | | | |
| 47 | ヤマウルシ | ○ | | | | |
| 48 | ヤマグワ | ○ | | | | |
| 49 | ヤマブドウ | | | | ○ | |
| 50 | リョウブ | ○ | | ○ | | |
| | 広葉樹 | ○ | | ○ | ○ | |
| | 木本性ツル | ○ | | | | |

作物種

| | | | | |
|---|---|---|---|---|
| 1 | イネ | | | ○ |
| 2 | カキ | ○ | | ○ |
| 3 | カブ | | | ○ |
| 4 | カボチャ | | | ○ |
| 5 | キーウィ | | | ○ |
| 6 | キュウリ | | | ○ |
| 7 | ササゲ | | | ○ |
| 8 | サツマイモ | | | ○ |
| 9 | サヤインゲン | | | ○ |
| 10 | シイタケ | | ○ | |
| 11 | ジャガイモ | | | ○ |
| 12 | スイカ | | | ○ |
| 13 | ダイコン | | | ○ |
| 14 | ダイズ | | | ○ |
| 15 | タケノコ | | ○ | |
| 16 | タマネギ | | | ○ |
| 17 | トウモロコシ | | | ○ |
| 18 | トマト | | | ○ |
| 19 | ナス | | | ○ |
| 20 | チンゲンサイ | | ○ | |
| 21 | ニンジン | | | ○ |
| 22 | ネギ | | ○ | |

表 2-2　大山田村周辺に生息するニホンザルの採食品目リスト（続き）

| | | 採食部位 | | | | |
|---|---|---|---|---|---|---|
| | 植物名 | 葉・芽 | 花・つぼみ | 茎・枝 | 果実・種子* | そのほか・不明 |
| | 23　ハクサイ | | | ○ | | |
| | 24　ピラカンサ | | | | ○ | |
| | 25　ホウレンソウ | | | ○ | | |
| | 26　マメ | | | | ○ | |
| | 27　ミカン | | | | ○ | |
| | 28　ムギ | | | | ○ | |
| | 29　牧草 | ○ | | | | |
| | カキ(干しガキ) | | | | ○ | |
| | タマネギ(保存用) | | | | | ○ |
| | 野菜ゴミ | | | | | ○ |
| そのほか | | | | | | |
| | 昆虫 | | | | | |
| | クモ | | | | | |

*作物種の場合，収獲される部分が地下にできる場合（カブなど）も，果実・種子に分類している．

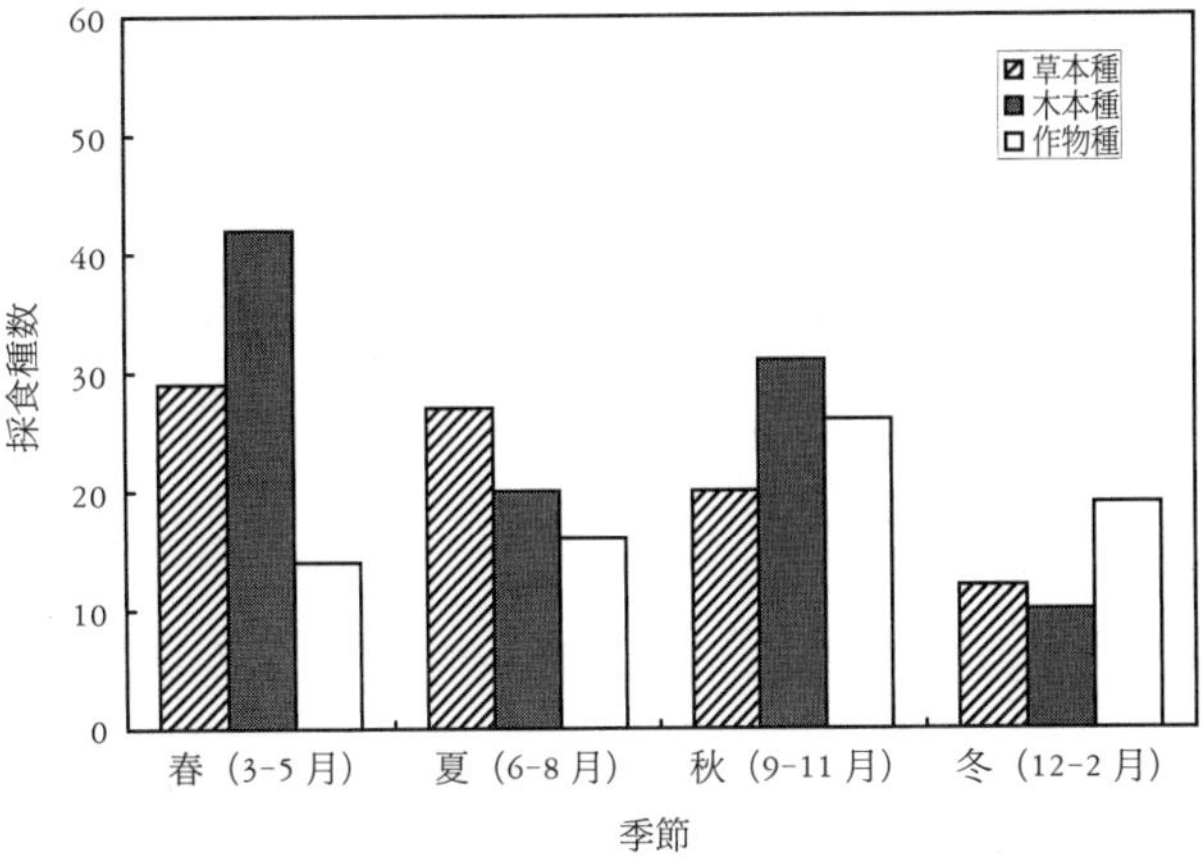


図 2-2　大山田村周辺に生息するニホンザルの採食種数の季節変化（二つの集団のデータを含む）．各季節の採食種数は，各月の採食種数を単純に合計した，延べ採食種数．

いずれにせよ、農作物の採食によって栄養状態がよくなると、個体数が増加する方向に個体群パラメータは変化する。ある程度大きくなった集団は分裂し、分裂した集団があらたな生息地を求めて分布を拡大する。たとえば、前述の員弁の群れは、観察当初にすでに百頭を越えていたが、すぐに分裂してしまった。大山田の群れも、当初の七〇頭程度だった集団は調査後半には観察されないようになり、その後の調査によっておそらく分裂したと推測されている。分裂直前には集団の広がりが大きくなり、複数のまとまりが目につくようになることも多い。分裂した集団が、これまでサルの生息していなかった地域に分布を広げると、いままで被害がまったくなかった集落で、とつぜん激しい被害を出しはじめる。そこで被害が食い止められないと、

表 2-3　日本各地の5歳以上の成熟雌の繁殖パラメータ
(Takahata et al 1998, Table 1 を改変)

| 地域（集団） | 屋久島 | 金華山 | 霊山 | 志賀 B2 | 嵐山 | 勝山 |
|---|---|---|---|---|---|---|
| 餌付けの有無 | 野生群 | 野生群 | 野生群 | 野生群 | 餌付け群 | 餌付け群 |
| 生息地の環境 | 常緑広葉樹林 | 落葉広葉樹林<br>針葉樹林 | 落葉広葉樹林<br>針葉樹林<br>積雪地 | 落葉広葉樹林<br>針葉樹林<br>積雪地 | 落葉広葉樹林<br>常緑広葉樹林 | 常緑広葉樹林 |
| 総雌年 | 282 | 275 | 134 | 63 | 1517 | 1828 |
| 総出産数 | 76 | 97 | 45 | 22 | 816 | 905 |
| 出産率（出産/雌/年） | 0.27 | 0.353 | 0.336 | 0.349 | 0.538 | 0.495 |
| 新生児死亡率 | 0.25 | 0.227 | 0.277 | 0.533 | 0.103 | 0.102 |
| 初産年齢 | 6.1 | 7.05 | 6.7 | — | 5.39 | 5.41 |

さらにサルは個体数を増やし、あらたな集落に分布を拡大するという悪循環が繰り返されることになる。

## 4　人馴れの進行

被害発生から拡大のプロセスの中でもう一つ重要なのは、人馴れの程度の変化である。それまで森林で暮らしていて人に接したことのないサルたちは、人に対して強い恐怖感や警戒心を持っている。ただし、恐怖感や警戒心には個体差も大きく、性や年齢によってもかなり違う。一般に若いオスはほかの個体に比べて大胆なことが多いが、老齢のメスザルにもずうずうしいのがいたりするから、一概には言えない部分もある。

集落に現れるようになると、サルはさまざまな形で人と接するようになる。最初のうちは人を見ると逃げていたサルたちも、何もされないとわかるとだんだん大胆な行動に出るようになる。

人のほうも、最初はもの珍しさもあってサルに対して寛容な態度をとりがちだが、その時点で厳しい態度をとらないと、すぐに人馴れがはじまる。いったんサルに「人は怖くない」と思われてしまうと、それを変えるのはかなりたいへんである。人馴れが極限まで進んだ状態は、野苑公園のサルや道端にいて観光客に飛びかかって餌を奪うようなサルだが、そこまでいかなくても人を威嚇するぐらいまで人馴れが進むことは珍しくない。農作業をしている女性の十メートルほど先でサルがダイコンを食べているという風景は、人馴れがすすんだ集団では日常的に起こる。被害が激化している地域では、人馴れもかなり進んでいることが多い。

人馴れが進むと、林縁に近い家屋の屋根で日向ぼっこをしたり、毛づくろいをしたりするようになり、アンテナを折る、樋を壊す、瓦をめくるなどの住居環境被害を出しはじめる。ひどくなると、鍵のかかっていない玄関や窓から部屋の中に入って、仏壇のお供え物を食べたり、中のものを引っ掻き回したりする。田舎にゆくと玄関が開けっ放しの家をよく見かけるが、サルが入るので鍵をかけるようになったところさえある。

サルは、こちらが驚くほどさまざまな状況に対応する。たとえば、追い払うために石を持ったとしよう。ふつうなら一目散に安全なところまで走って逃げるサルも、石を投げる先に窓ガラスがあると平然とゆっくり歩いて逃げたりする。「窓ガラスがあると人は石を投げない」ということを、どこかで覚えてしまっているからだろう。お年寄りや女性が追っ払おうとしても逃げないのは、お年寄りや女性には力がなくて、石を投げたり棒で追い払ったりするのが難しいことを知っているからだ。屋根に上れば安全だということも、このぐらいの距離を保てば大丈夫ということもすぐに覚えてしまう。サルの持っている、こういった状況判断の正確さと記憶力の確かさが、さまざまな被害対策を無力化してきたことは紛れもない事実である。第六章で述べるような心理的障壁と呼ばれる被害防止の技術は、人馴れの程度が進むと効果がとても低くなる。いったん人馴れが進むと、野生のニホンザルが本来もっているはずの恐怖感や警戒心を元のレベルに戻すことはなかなか難しい。

残念ながら、人馴れがどのような形で進むのか、人馴れの進行を防ぐには何が効果的なのか、といったことについてはあまりよくわかっていない。わかっているのは、サルと出会って何もしなければ人馴れは進むということと、被害の拡大と並行して人馴れが進むことが多いということだけである。被害の防止とあわせて、人馴れの進行を食い止めることが、被害軽減の重要なポイントになる。

<コラム１>

―野生動物との距離―

野生動物は、人間との安全な距離をよく知っている。たとえばスズメは、人が近づいてもすぐには飛ぼうとしないし、神社にいる鳩もすぐ足元にくるほどである。最近では山を歩いていると、野鳥たちがときにはすぐ間近にまで近寄ってくれることもある。日本でほとんどの野鳥の捕獲が禁じられるようになったことと無縁ではないだろう。欧米の公園などにゆくと、人のすぐ近くまでやってくる野鳥がいたりして、動物に対する愛護精神の高さを印象づけられることもある。

鹿児島県屋久島の西部林道では、サルもシカも驚くほど近くで観察することができる。もちろん、人馴れをしていない個体だと近づける距離には限度があるが、それにしても本州のサルやシカに比べれば、雲泥の差である。この傾向はサルで著しく、車が近づいても道の真ん中に寝そべってなかなか動こうとしないずうずうしさに、こちらがあきれるほどである。人への恐怖感や警戒心を失うと、ここまで変わりうるというよい（悪い）見本になっている。このような姿を見ていると、はたしてこれでいいのかと思ってしまうことがある。こういった人と野生動物との距離の近さは、その動物の保全や管理を考える上ではときとして諸刃の剣になるからだ。とくにその動物が人間の生活になんらかの悪影響を与える可能性がある場合はなおさらである。

たとえばサルが集落周辺に現われるようになると、人と出会う機会が急激に増える。道端に出てくれば、地域の住民だけでなくさまざまな人に会うことになる。無邪気に戯れる子ザルたちを見て、かわいいと感じない人はほとんどいないだろう。ドライブ中にサルがたまたま道端に出てきたら、ほとんどの人が車を止めて「なんか食べるものはないか」と車中を探し回るのではないだろうか。この何気ない（悪気のない）行為は、じつはさらに人馴れを助長し、その地域の被害状況を悪化させる。被害を出したサルは、駆除の対象になることも多い。野生のサルに餌をやれば、結果的にそのサルを苦しめたり殺したりすることになるかもしれない。そのことに気づいている人は、そんなに多くはないだろう。

野生動物は、愛玩動物ではない。どんなにいとおしく思っても、彼らの生活を乱すようなことはするべきではない。人間との距離をうまく保てなくなった野生動物の将来は惨めである。「野生動物と接するときには彼らの生活にできるだけ干渉せず適当な距離を保ち続ける」というルールを、もっと広く知ってもらいたいと思う。

## 5　被害発生の背景――里に下りてきた原因

当たり前のことだが、被害はサルが集落周辺に現れることによってはじめて起きる。言いかえれば、山間部でもともとサルが人と隣り合わせに暮らしている地域を別にすれば、サルが集落側に分布を広げない限り被害は発生しないはずである。では、集落周辺まで分布が広がってきた原因はなんだろうか。

サルが集落付近で生活するようになった原因としてまず考えられるのは、サルと人との関係が大きく変化したことである。第八章で詳しく述べるが、戦前はサルはほかの哺乳類と同様狩猟獣であり、全国で数百頭〜千数百頭捕獲されていた。地域によってはサルは経済的に価値の高いものであり、かなり高い狩猟圧がかけられていた。その名残は東北地方などに残っており、この地域のニホンザルの分布はほかの地域に比べると非常に狭くかつ分断されている。この地域はほかの地域に比べ自然植生が残っており、本来なら広範囲にサルが分布していてもおかしくないだけに、狩猟圧は相当高かったと推測される。

この時代の人とサルとは、地域差はあるものの捕るものと捕られるものという関係にあった。たとえば、日本の霊長類学のパイオニアたちが戦後最初に宮崎県幸島を訪れたとき、サルたちは一目散に逃げ出したり隠れたりしてしまったという記録が残っている。このエピソードはその当時のサルと人との関係をよく表しているといえるだろう。サルにとって人は恐ろしい存在だったのである。

戦後サルは狩猟獣から除外され猟師に追われることはなくなった。それでも少なくとも一九七〇年代ごろまでは、サルはあいかわらず山では人を避け集落付近にもほとんど現れないという生活を続けていた。現在でも人との接触の少ない山の中では、人を恐れるサルが生息している可能性が高い。しかし、集落の近くに生活の場を移したサルは、人との新たな関係を築きはじめた。

捕るものと捕られるものという関係は、有害鳥獣駆除による射殺や捕殺が一九六〇年代後半からはじまるまでは一時消滅していた。現在では年間一万頭を越えるサルが全国で駆除されており、形式的には捕るものと捕られるものという関係が復活している。しかしながら、農作物被害の起こっている地域で、ハンター以外の人を恐れるようになったという報告はいまのところない。このことは、人と中立的な（否定的でない）接触をするようになったサルたちが、ふたたび人を恐れるようになるためには、非常に強い否定的な圧力を与える必要があることを示唆しているだろう。

山の中でのサルと人との関係が変化する一方で、集落の環境も大きく変貌を遂げた。一九六〇年代の高度経済成長期に入ったころから山村から都会への人口流出が加速化し、過疎化と高齢化が大きな社会問題となった。さらに農業の機械化が進み、人が田畑に出ている時間はどんどん少なくなる一方、生活形態の変容やエネルギー革命によって集落付近の雑木林の利用価値は急激に低下し、燃料や肥料を取るために人が山に入ることも少なくなった。こういったさまざまな社会的環境の変化がお互いに関連しながら進行し、それまで野生動物を集落付近から山奥へと押し上げていた人の圧力が急速に低下してしまった。サルと人との関係は集落でも時代とともに大きく変化してしまったのである。

このように考えると、集落へのサルの進出を阻んでいた大きな要因の一つは、それまでの長い歴史の中で培われてきたサルと人との関係そのものだったということになる。人の生活形態が変わり、そのような関係を支える基盤が山や集落からほとんど失われてしまった現在、従来の関係を復元することは不可能である。できるとすれば、それにかわる新しい何かを構築することだろう。

二つめの原因としてあげられるのは、サルにとって好適な生息地である広葉樹林が、一九五〇年代後半からはじまった戦後の拡大造林期に、広範囲にわたってスギやヒノキの人工針葉樹林に変わってしまったことである。この時期、毎年三〇万ヘクタールの森林が伐採され針葉樹林へと姿を変えていった(図2-3)。観光を目的とした奥山の開発や大規模な林道の開設なども、生息環境の改変や悪化をもたらした。これらの変化は野生動物の生活場所を根こそぎ奪ってしまうほどの影響を多くの地域で与えただろう。ただこのような環境改変は全国各地で一様に起こったわけではなく、比較的変化の少なかった地域もあれば大きく変化した地域もあることには留意しておく必要がある。

第一章で述べたように、ニホンザルは果実をおもに食べる雑食性の霊長類である。主要な食物は、

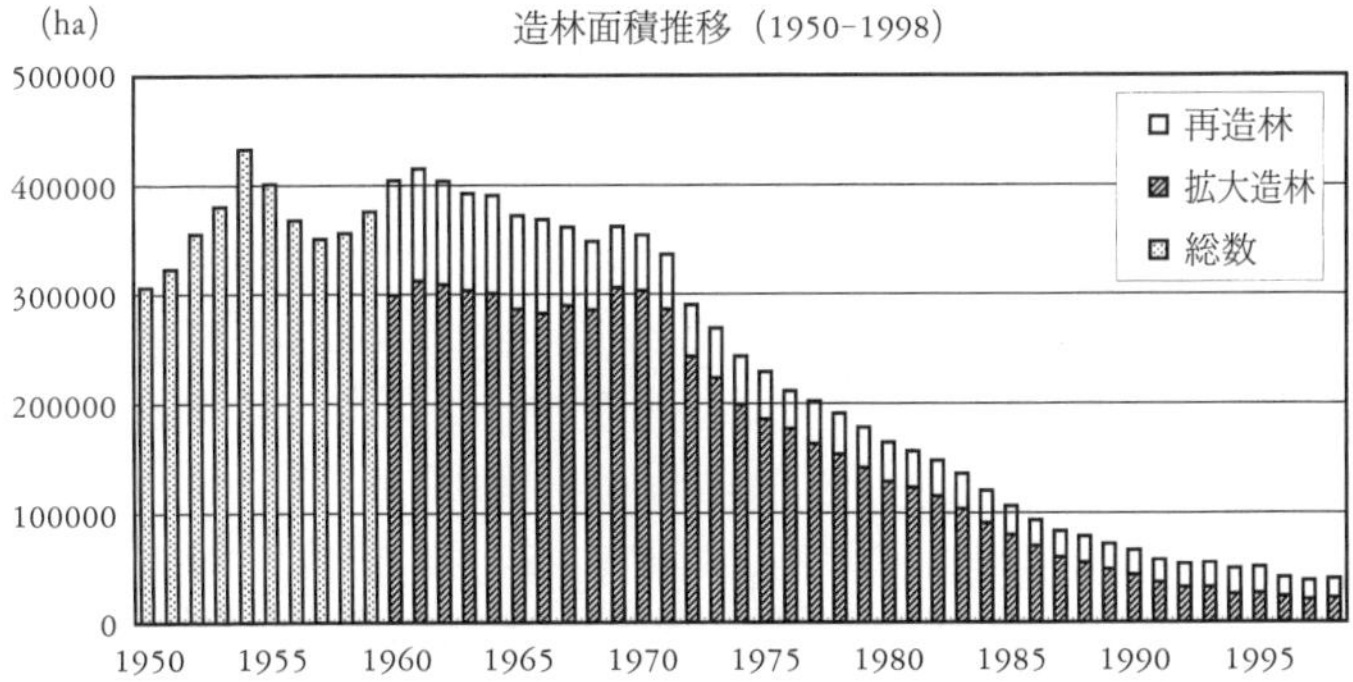


図 2-3　日本の造林面積の変化（1950〜1998）．1960 年から 1971 年までは，毎年約 30 万 ha の広葉樹林が伐採され，人工針葉樹林が植林された．

果実（堅果を含む）や種子・若葉などの植物性食物だが、これらの食物があるのはおもに広葉樹林や針広混交林である。そのような林がどんどん消失してゆくという事態に直面したサルたちの苦境は想像を絶するものだったに違いない。もちろん造林初期には伐採地には草本や二次性の木本が侵入するためある程度の食物はあるが、造林された幼樹が生長し林冠が鬱閉するころには下層植生は急激に減少するため、サルにとっては砂漠ともいえるような森林が急速に広がったはずである。

そのような非常事態に対しサルたちはどのように対処したのだろうか。いまとなっては想像するしかないが、いくつかの可能性が考えられる。

その一つは、スギやヒノキを新たな採食品目に加えたり、スギやヒノキの植林地で新しい食物を開拓したりして、植林地に踏みとどまるというやり方である。残念ながらスギやヒノキを採食したという報告はあるが、この二種を主要な採食品目として生きているニホンザルは今日まで見つかっていない。また、スギやヒノキの植林地は気温の変化が少なく、泊まり場として好まれるといわれているが、採食場所として好まれているという報告はないので、この可能性はきわめて低いだろう。

二つめは、沢沿いや尾根沿いにモザイク状にかろうじて残されているわずかな広葉樹林に頼って生活するという方法である。行動域を大幅に拡大して生存に必要なだけの広葉樹林面積を確保できるのならこのやり方は有望である（図2-4左）。針葉樹の多い地域に生息しているニホンザル集団の中には広葉樹林に生息する集団よりはるかに大きな範囲を動きまわっているものがあり、この可能性は否定できない。ただし、広範囲を移動しながら食物を探すというやり方がうまくゆくには、移動に伴うエネルギー損失に見合うだけ食物が得られることが条件になる。

三つめの対応は、生活場所を山側から集落側に移動させて、集落付近に残された広葉樹林や農地に頼った生活をはじめるというものである（図2-4右）。とくに植林地の面積が広かったり、広葉樹に対する比率が非常に高かったりして二つめの方法が取れない場合、この選択は不可避のものになるだろう。

二つめと三つめのどちらの方法をとったにせよ、行動域の拡大や移動、それに伴う新しい環境や食物への順応などにはかなりの年月がかかったはずである。よく指摘される拡大造林が盛んだった時期（一九六〇年代）と農作物被害が発生しはじめる時期（一九七〇年代）との時間的なずれは、このような対応に必要な時間の長さを考えれば説明できる。環境改変と分布の変化が起こる時期の時間的なずれ

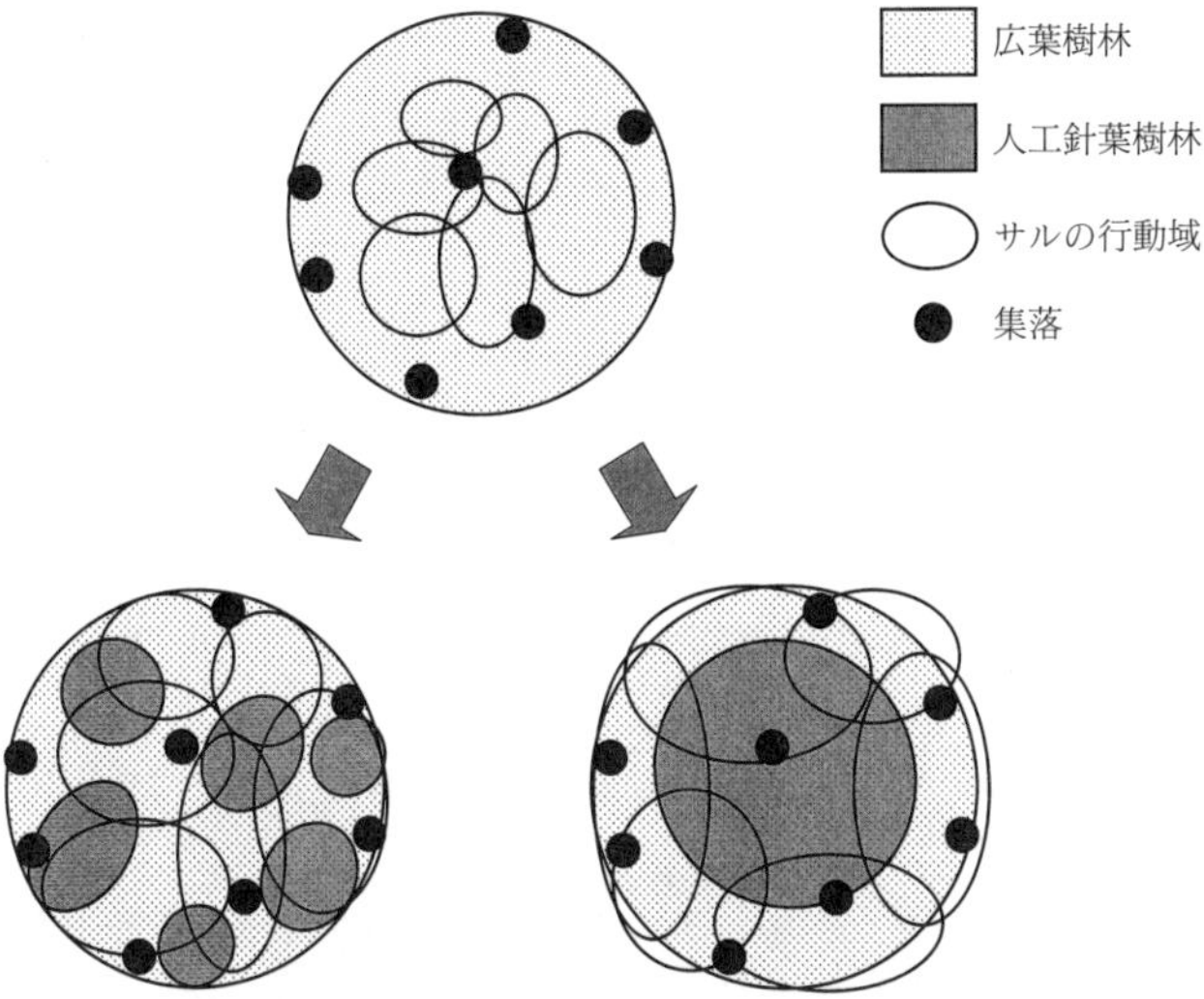


図 2-4　広葉樹林が針葉樹林に変化することによって起こるニホンザル集団の行動域変化の模式図．当初は広葉樹林の中心部にサルが生息し，集落は広葉樹林の周辺部を中心に点在している．比較的小面積でモザイク状に植林された場合は，それぞれの集団は行動域面積を拡大する（左）．大面積にわたって植林された場合，その地域に生息できなくなった集団は行動域を集落側に移動し，いくつかの集落を含むような形で拡大する（右）．

についてはほかの動物でも観察されており、さほど珍しい現象ではない。おそらく、六〇年代にすでに変化ははじまっていたのだろう。

地域によっては見事な広葉樹林が残っているにもかかわらず、集落へのサルの進出が起こっているため、環境改変はそれほど影響しないのではないかという意見もある。しかしそのような地域では、被害発生からの経過年数のわりに採食される農作物の種類が少ないなど、環境改変が著しい地域に比べ被害程度の進行が遅い可能性がある。拡大造林という大規模な環境改変がニホンザルの生活に多大な影響を与えたことは、まぎれもない事実として認識すべきだろう。とくに西日本には、サルにとって好適な生息環境がほとんど残されていない地域があり、そういう地域では農作物被害が多発したり急増したりしていることが多い。

サルが里へと広がってきた三つめの原因として考えられるのは、個体数の自然増加である。第八章で詳しく述べるように、東北地方などの一部の地域では、農作物被害とは関係のない個体群で分布の拡大が確認されており、個体数の増加も報告されている。農作物を採食しないニホンザルでは一般に個体数の増加率は年間数パーセントと低く、個体数の増加や分布の拡大は比較的ゆっくり起こると考えられている。高い狩猟圧のため東北地方では分布が縮小していたと推定されているが、戦後狩猟がなくなったため、豊かな自然環境を背景に分布を回復してきたと考えるのが妥当だろう。

実際のところ、個体数の自然増加だけが原因でサルが集落へ進出するようになった地域は東北地方などの一部地域に限られているだろう。もし全国規模で長期間にわたって大幅な個体数増加が起こっているなら、それを支えるような生息環境の変化や個体数の増加を促すような要因が認められるはずだが、前述したように生息環境そのものはむしろ悪化している地域が多い。個体数が増加したためにサルが山から集落へとあふれて被害を及ぼしているという状況は、全国的に見れば少ないと考えるべきである。

東北地方を中心として起きている個体数の自然増加によるゆるやかな分布拡大と、被害発生地域での農作物採食による急激な個体数増加や分布拡大とは、しっかり区別して考える必要がある。ニホンザルは、野生の食物だけを食べている限り急激には増加しない。地域や年によって変動はあるものの、ある環境が支えられる個体数には限度があり、それを越える数のサルがその地域で生息することはない。つまり、山にとどまって里に下りてこない限り、サルが増えすぎて困ることはないはずである。被害が拡大し続けるのは、個体数が急増するような人為的環境があるからなのだ。

## 6　なぜ被害が起きるのか――原因と背景

ここでもう一度、冒頭の質問に立ち戻ってみよう。

なぜ被害が起きるのか。

これには二つの答えがあった。一つめは「サルが農作物を食べ物と認識しているから」、二つめは「農地がサルの採食場所になっているから」である。「そんなことは答えになっていない。拡大造林や奥地開発のようなサルが山から里へ下りてくる原因がなければ、被害は起きなかったはずだ」と、多くの人は考えるかもしれない。確かに広い意味ではこれも原因と言えるかもしれないが、厳密に言えばこれらはサルが里に出てくる原因である。被害の発生に焦点を当てるなら、これらのことは「背景」に過ぎず、直接的な原因ではないと考えるべきなのだ。

たとえサルが山から下りてくるような事態になっても、一昔前のように人がずっと田畑にいてサルが現れてもすぐに追い払うような状況なら、こんなにも攻め込まれることはなかったはずである。生息環境の変化があっても、人里へ分布を広げる余地がなければサルはそのまま数を減らしたり絶滅したりしただろうし、多くの地域では実際にそのようなことが起こっただろう。そんななかで、一部のサルたちは人里へ分布を広げることによって生き残りを図った。サルの進出を食い止められなかった結果、サルは田畑が自分たちの採食場所だと思って生活するようになった。それが、多くの被害地の現状ではないだろうか。

被害発生の「背景」をいますぐ消し去ることはできない。人と野生動物との関係は一朝一夕に変えられるものではないし、大規模な生息環境の復元にも多大な時間と労力がかかる。長期的に取り組むべき課題としてはとても重要だが、道のりは遠い。さらに問題なのは、背景が元に戻っても、サルが自然に山に戻るとは考えにくいことである。より良質な採食場所を見つけたサルたちは、こちらが何か追い帰す努力をしない限り、すんなりとは山には帰ってくれないだろう。

背景を分析し指摘することは重要だが、それだけで被害の発生を食い止めることはできない。わたしたちがしなければならないことは、被害発生の原因とプロセスを解明し、被害の軽減を図ることである。そのための考え方、それが次章に述べる被害管理である。

＜コラム2＞

## ―猿害はやっかいもの？―

「猿害」はだれもやりたがらない、かかわりあいになりたくないやっかいなものとして、日本の多くの霊長類研究者に認識されているように思う。恥ずかしながら、わたしもその一人だった。このような、いわば「研究業績」にならない社会問題は、研究機関や大学に職を持つ人間が社会的責任を果たすためにやるべきものではないのかという思いがあり、ずっと避け続けてきた。その思いが変わったのは「猿害」に深くかかわりはじめてからである。

このような霊長類研究者の態度は、ニホンザルの将来に暗い影を落としている。シカやカモシカ、あるいはクマの研究者が地道に生態学的な資料を積み重ねてきたのとは対照的に、ニホンザルには個体群パラメータをはじめとする管理に必要な生態学的データがほとんど揃っていない。ある哺乳類研究者の言葉を借りるまでもなく、この分野では「サルは二十年遅れている」ように思う。

研究者には、研究対象をもっともよく知っているものとして社会的に果たすべき義務がある。たとえば核研究に携わる人は、それがもつ長所や将来の可能性について語るだけでなく、危険性や問題点についてもできるだけ情報を公開して、社会的な合意を得る努力をしなければならない。野生動物の保護や管理についても同様のことが言える。人類あるいは国民の共通財産である野生動物が、科学的なデータにもとづいた議論がほとんどないままに大量に駆除されている状況に対して異議を唱えることは重要かもしれない。しかし、それと同時に、そのような事態を改善するために自分たちが何をすべきかをもっと真剣に考えるべきだろう。研究者としてやるべきこと、研究者でなければやれないことは、山積している。

# 第三章◎被害管理とはなにか

## 1　被害管理とはなにか

「野生動物管理（ワイルドライフ・マネージメント Wildlife Management）」という欧米では長い歴史を持つ学問分野がある。野生動物管理は、もともとはシカなどの狩猟動物をいかにうまく利用するかというところから生まれた資源管理学である。現在では、野生動物の個体群と生息地を管理することを通して、個体群の存続や保全を図ったり、人間との軋轢の調整（被害の軽減化）をすることを目標とする分野として認識されている。被害管理は、ここで述べた「人間との軋轢の調整」という問題を扱う分野である。野生動物管理の成り立ちからもわかるように、この分野はいわば二次的に派生してきたものであり、欧米でも研究というよりいかにして被害を防ぐかという技術的な側面が重視されている。このような事情を反映しているのか、日本では「被害管理」ではなく、「被害防除」「被害対策」ということばがこれまで使われてきた。

被害管理の定義にはいろいろある。たとえば、「野生動物の被害管理とは何か（What is WDM?）」（WDM: Wildlife Damage Management）と題された一文の中で、ロバート・H・シュミットとロバート・ビーチは「被害を軽減するために、生息環境と野生動物と人間を操作する技術と科学」であると述べている。ちなみに、この一文の中で彼らは、なぜ動物（animal）や脊椎動物（vertebrate）や害獣（pest）ではなくて野生動物（wildlife）ということばを使うのか、支配（control）ではなくて管理（management）ということばを使うのか（あとがき　参照）、被害（damage）とは何なのかを、とてもわかりやすく述べている（http://cc.usu.edu/˜rschmidt/wdamage.htm）。一方、最近出版された『人間と野生動物との軋轢の解決』（*Resolving Human-Wildlife Conflicts*）という本の中で著者のマイケル・コノーバーは、「野生動物がもっている負の価値を減らすことによってその資源としての価値を高める科学と実践である」と定義している。

わたし自身は、「野生動物による被害発生の原因やプロセスを解明し、野生動物と人間の行動と環境を管理して被害を軽減するための理論・方法・技術・システム」が被害管理だと考えている。ここでいう被害とは、農林業被害にかぎらず、人間と野生動物のあいだにおこるさまざまな軋轢をすべて含むものである。前述のシュミットとビーチの定義にかなり近いが、第一章で紹介したような事故防止研究の視点を加えたもう少し複合的な応用科学の分野を想定している。被害発生の原因やプロセスの解明には、生態学や行動学を中心とした生物学の知識や理論が必要だし、野生動物と人間の行動や環境を管理するには、生物学だけでなく社会科学や人文科学の諸分野にも目を配る必要がある。それぞれの分野において個々の課題に取り組むことも重要だが、それらを統合して「被害軽減」という目標を達成するための手法やシステムを開発し、実践してゆくことも大きなテーマになる。

シュミットとビーチの定義にもあるように、被害管理の対象は大きく三つにわけることができる。一つめは、被害を出している野生動物そのもの、二つめは被害が発生している場所や被害を出している野生動物の生息環境、三つめは被害を受けている人間、あるいは被害管理を行なうべき人間側の行動である。余談になるが、人間にかかわる部分は、ヒューマン・ディメンジョン（Human Dimensions）と呼ばれている。

現在日本で被害防止を目的として行なわれているのは、そのほとんどが野生動物に対する働きかけである。もっとも一般的に行なわれているのは、一定水準まで個体数を減らすことによって被害軽減を図る個体数管理（個体数調整）という方法だが、そのほかにも被害防除技術を使って、野生動物が農地や集落などに侵入しないようにする方法（行動制御）もよく使われている。それに比べると、農地や集落の環境を整備したり、野生動物の生息環境を整備するといった環境への働きかけや、知識や技術の普及や被害管理体制の充実といった人間への働きかけは、あまり活発とはいえないのが現状である。その結果が、現在の被害状況を生み出しているというと言い過ぎだろうか。

被害発生の原因やプロセスの解明には、発生現場の状況分析が欠かせない。そこでは、つねに野生動物と環境と人間という三つの要素を念頭において分析を進める必要がある。被害を発生させているのは確かに野生動物だが、被害発生を助長する要因が環境や人間の行動にある場合も少なくない。被害の軽減を図るにはさまざまな方法が考えられるが、この三つの要素のうち何がキーになっているか、何をどのように変えてゆけばもっとも効果的かを検討することも重要である。

## 2 事故防止研究の視点を被害管理に

これまでの被害対策の多くは、野生動物の個体数を調整したり行動を制御したりすることを中心に考えられてきた。確かに、それはそれで大切な知見の獲得や技術の開発につながってきたのだが、被害軽減という目標に十分到達できたかといえば、残念ながらノーと言わざるを得ないだろう。被害を軽減するには、被害を出している野生動物に対する直接的な対策だけでは不十分なことが多い。具体的な対策を実施する前に被害が発生している状況を分析し、もし被害対策がうまくいっていないなら、その理由を検討しなければいけない。そのような作業をするときにヒントになるのが、事故防止研究の視点である。

このような抽象的な表現ではピンとこないかもしれないので、ここでもう一度自動車事故の防止を例にして考えてみよう。

「自動車事故を防止しよう」といったときに、まず考えられるのはどんな方法だろうか。「自動車の数が少なかった頃は事故も少なかっただろうから、自動車そのものの数を減らそう」と考える人もいるかもしれない。原因となっているものを取り除くのは、ものごとの発生を減らすときに考えつくもっとも素朴な方法であり、わたしたちがごく日常的にやっていることでもある。もちろんこのようなやり方も理論的には可能だが、現在の日本において自動車が多いのはそれだけの理由があるからで、いますぐ急激に減らすのはむずかしい。将来的には総数の削減に取り組むとしても、当面は「できるだけ事故が起きないように、さまざまな工夫をしましょう」という意見のほうが強いだろう。

そもそも自動車は、適切に運転されていれば事故を起こさないように作られているはずである。なのに事故がおきるのは、本来はスムーズに機能するはずのシステムに何らかの支障が生じるからだ。事故防止研究では、このような支障を明らかにして具体的に改善する方法を見つけることを目的としている。また、支障があってもそれがすぐに事故につながらないようなシステムを作ることも、事故防止研究の重要な課題である。

事故防止にかかわる要因は大きくわけて三つある。一つめは、自動車の機能や構造である。改良する方法としては、ブレーキをより強いものにしたり、衝突警告装置を備えたり、視野の広い死角の少ない構造にしたりと、いろいろ考えられる。これは、事故を生み出す対象(自動車)をより詳しく調べて、事故発生の原因になるものをできるだけ少なくしようとする方法であり、対象そのものに働きかける方法といえるだろう。

二つめは、自動車を取りまく環境の整備である。見落としやすい信号機の位置を変えたり、道路の形を不規則な曲線にしてスピードを出しにくくしたりするなど、すでに実用化されていることも多い。こちらは、対象そのものに工夫を加えるのではなく、まわりの環境を整えて自動車の動きを制御したり、本来の機能が十分発揮できるようにして事故を防ぐ方法である。

最後にあげられるものとして、事故にかかわる人間の行動がある。事故の原因は、人間側の知覚・認知能力や運動能力の特性による場合も多い。いくら立派な装置を開発しても、それを使いこなせなければ意味がない。ちゃんとした交通規則があっても、それを周知させ守らせるシステムがなければ、存在しないのと同じである。すべての人が同じような知覚能力や運動能力を備えているわけではないので、それぞれの年齢や経験に応じてさまざまなやり方で対応することも重要になる。事故防止を考える上でもっとも重要なのは、じつは人間にかかわる部分といっても過言ではないだろう。

事故防止というと、ふつうは自動車の改良にもっぱら目がゆくかもしれない。だが、いくら自動車が高性能になっても、人間が運転する限り(あるいは人間と自動車が道路上で完全に分離されているシステムでない限り)必ず事故は起きる。現状では、自動車の大幅な改良に取り組むよりも、事故を助長するような環境や人間側の要因を解明してできるだけ除去するほうが、効果的に事故を防止できるのである。

事故防止研究の考え方を被害管理に応用するというのは、実はわたしのオリジナルのアイデアではない。本書にもたびたび登場する奈良県果樹振興センターの井上雅央さんから教わったことである。害虫による被害の防止にはずいぶん以前から採用されていた考え方で、「害虫の発生生態や行動を研究して対策を考える（これがこれまでのアプローチ）のではなく、圃場の設計や構造、栽培者の判断や作業内容の中に潜んでいる被害を助長してしまう要因を徹底的に解明する。もっとも負担の少ない方法で被害を回避できるという利点がある。交通事故や航空機事故防止研究などの分野で一九七〇年以降急速に採用されはじめた」そうである。

この考え方を最初に井上さんから聞かされたときは、文字どおり目からうろこが落ちた気がした。「そうか、探していたものはこれだったんだ」というのが、そのときの偽らざる実感だった。

確かに被害の報告書などには、野生動物に対する対策だけでなく、被害を助長する要因として環境や人間の行動について書いてあることも多い。だが、具体的にそれを実施する方策について検討していることはほとんどない。その結果、報告書を読んだ人は「あぁ、こういう問題があるんだ」とは認識しても、現実にどうすればそれらの問題を解決できるかということがわからず途方にくれてしまう。被害の軽減を図るのなら、これまで提案されてきたさまざまな被害対策がなぜうまくゆかないかを詳細に分析し、具体的にどうすればよいのかを考えるべきなのに、これまではほとんど意識されてこなかったのである。

たとえば、知識や技術の普及ということを例にして考えてみよう。

自動車事故と同じように、ほんのちょっとしたことの積み重ねで被害は起きやすくなる。被害の発生を抑えるために今すぐにできることはたくさんある。問題なのは、何をしたらよいのかという正しい知識や技術が現場にはほとんど伝わらなくて、被害を助長するようなことが意識されないままあちこちで繰り返し行なわれていることである。

問題を解決しようとして、知識なり技術に関する情報が本や雑誌などのメディアを通じて流されても、情報の受け手である農家や行政がその情報を利用できなければ意味がない。たとえ利用可能でも、現場に適用できるかどうか、どのように適用すればいいのかが判断できるようになっていなければ、情報としての価値はゼロである。さらにいうなら、情報を手に入れた農家や行政が、それを利用したいと思うかどうか、利用したいのにできない理由があるとすればそれはなにか、といったことを検討することも、知識や技術を現場を浸透させるためには不可欠だろう。

残念なことに、このようなことは、被害を防止するために取り組むべき対象としてこれまで認識されてこなかった。事故防止研究の視点は、まさにこのことの重要性を気づかせてくれたわけである。

繰り返しになるが、自動車事故は人が自動車を運転する限りなくなることはない。それと同じように、野生動物がいて被害の対象となる農林地がある限り、何も対策を講じなければかならず被害は起こる。こう書いたからといって「被害が起きるのはしかたがない」と言いたいわけではない。むしろ逆である。事故防止研究が、事故が起こることを前提にしながら、できるだけ発生しないようなシステムを作ろうとしているのと同じように、野生動物による被害に対しても、被害が起こることを前提にしながら、できるだけ被害が発生しないシステムを作ること。それが、わたしの考える被害管理の目標である。

## 3　被害管理をはじめよう

概念的な話が一段落したところで、いよいよ本題である。被害を止めてなんぼの世界だから、いくら理論的に立派なことを考えても被害が軽減できないと意味がない。ここから先は、何をどうすればよいかということを中心に話を進めることにしよう。

被害管理にはいくつかのポイントがある。このあたりは人によっておそらく意見が分かれるところだろうが、わたしは以下の五つくらいが重要だと考えている。

（1）被害状況の分析と情報収集
（2）農地や集落の環境整備
（3）適切な被害防除技術の実施
（4）被害管理システムの構築
（5）個体数管理と生息地管理

このうち、（2）については第五章で、（3）については第六章で、（4）と（5）については第七章で詳しく述べるので、ここでは被害状況の分析と情報収集について説明しよう。

被害管理でいちばん大切なのは、被害現場に出かけて「なぜ被害が起きたのか」を調べることである。飛行機事故や自動車事故が起こると必ず現場検証が行なわれるが、あれと同じ。被害状況に関する資料を机の上にいくら並べてみても、そこからわかるのは大まかな様子だけである。被害現場にでかけて、周りの状況を調べたり、地元の人の話を聞いたりしないと、被害発生の本当の原因はわからないことが多い。すぐには答えが見つからなくても、現場で拾い集めた断片的な情報をつなぎ合わせることで原因が浮かび上がってくることもある。

被害発生の原因は、目に見えるところには現れていないこともある。たとえば、林縁にある囲いのない農地で被害が発生したとしよう。被害にあったのはトウモロコシ。地元の人の話では、かなり人馴れの進んだサルで、週に一、二回は出てくるらしい。

この話を聞いたとき、みなさんなら被害発生の原因をどう考えるだろう。「適切な被害対策、たとえば囲いをしなかったのが原因だ」という人が多いのではないだろうか。もっともなようだが、本当にそうだろうか？　ではもう一歩踏み込んで考えてみよう。なぜ、この農家は囲いをしなかったのか？

理由はいくつも考えられる。

一、囲いをするなんて考えもしなかった。

二、サルは賢いので、囲いをしても無駄だと思った。
三、囲いをするのが面倒だった。
四、囲いをする体力がなかった。
五、効果があるのは電気柵だと知っていたが、高価なのでやめた。
六、自分だけ囲いをすると、周りに被害が出るかもしれないのでしなかった。

まだまだ続けられるが、この辺でやめておこう。ここでいいたかったのは、「被害対策をしなかったのが原因だ」ですませてしまっては、被害管理という観点からは、被害発生の原因を解明したことにはならないということだ。被害を軽減するのが目的なのだから、被害軽減を図るための糸口が見えるまで原因の追求は深く徹底的に、というのが原則である。そうしてこそ、はじめて具体的な被害対策の方向が見えてくる。

この例でいえば、もし、一や二、あるいは六が原因なら、サルの被害には囲いが有効なことを知ってもらったり、一つでも農地を囲うことが集落にサルがくるのを少なくするのに役に立つんだということを知ってもらうような勉強会などを開くことが一つの解決方法になるかもしれない。四が原因なら作るのにあまり体力のいらない囲いを考えることが、五が原因なら安価な囲いを考えることが解決の一歩になる。これでうまくゆかなければ、さらに分析を重ねることになる。

そこまで考えないといけないの？　と思う人もいるかもしれない。そんなことはほかの人が考えるべきで、生物学者が考えるようなことではないと感じる人もいるだろう。確かに、生態学者や行動学者が、あるいは野生動物管理学者が考えるべき範疇を越えているようにも見える。でも被害管理を目指すのなら、そこまで考えるべきだとわたし自身は思っている。「被害対策をしなかったのが原因だ」というレベルでとどまっている限り、被害はなかなか止められない。

人間側の要因、いわゆるヒューマン・ディメンジョンというのは、欧米では野生動物管理学の一つの分野として扱われるくらい重要なものだ。ここであげた例では、囲いを作るかどうかということについて農家がどのような意思決定をするかが、重要なポイントになっている。被害を回避するのに望ましい手段が正当な理由なく採用されなかったとすれば、正しい意思決定が行なわれなかった原因を追究しなければいけない。そういったことを積み重ねて、はじめてさまざまな被害防除技術が有効に利用され、被害対策がうまくゆくようになる。「農家がきちんと対策をしないから被害がなくならないんだ」というのではなく、農家が対策を立てられない理由まで考えることが大切なのだ。

と、よくわかったようなことを書き連ねたが、ずっと動物相手に仕事をしてきた人間にとって、正直なところこの作業はなかなかの難題である。満足のいくところまで原因を追究して解決を図れたことは、恥ずかしながら自分ではほとんどない。原因そのものを絞り込めなかったり、原因はわかっても解決する手段が見つからなかったりと、うまくゆかなかった理由はさまざまである。それに、地元に深く入り込めないと、解決する手段が見つかってもそれを実行することは現実には不可能である（この点については、第七章で触れる）。農業や林業の仕組みや状況そのものをよく理解していないと、まったくお手上げ状態になってしまうこともある。都府県の林業研究機関や農業研究機関の方々といろいろ話をする機会をもつようになって、はじめてわかったこともたくさんある。たぶん、これからも勉強すべきことが山のように出てくるだろう。ただ一つだけはっきりしているのは、こういったさまざまなことにも目を配らないといくら野生動物のことをよく知っていても、効果的な被害管理はできないということだ。

被害状況を分析すると、被害を出している野生動物の状況もある程度推測できる。ニホンザルなら、被害の発生した場所や程度によって、人馴れの程度や集団の大きさなどをおおまかに判断できることが多い。そのほか、被害がいつ、何を対象に、どのくらいの頻度で発生するか、いつごろから被害が発生しはじめたかというような情報も重要だ。これらの情報は、被害を出す野生動物がどの程度被害の発生している場所を利用しているのか、彼らにとってそこはどの程度重要なものかを推し量る大切な資料になる。残念ながら、これらの情報を使って定量的な分析を行なった研究はいまのところないが、ある程度の指標としては利用可能である。

そのほかにも、集めたほうがよい情報がある。たとえば、現在多くの都府県や市町村でニホンザルを対象とした生息実態調査や被害実態調査がおこなわれている。前者では、一定地域内に生息するサルの個体数・群れ数・分布・繁殖パラメータ・食性・生息環境の植生などが調べられ、後者では、被害にあう作物の種類・被害発生時期・被害面積・被害金額などがおもな調査項目になる。これらの情報の多くは被害管理を実施する上で参考になる。

必要な情報が手に入ったら、いよいよ被害軽減に取り組むことになる。具体的な対策の話にはいる前に、ニホンザルによる農地採食について採食生態学の観点から少し考えたことがあるので、次にそれを紹介することにしよう。

<コラム3>

## ―野生動物管理学と保全生物学―

読者の中には野生動物管理学と保全生物学は同じようなものだと考えている人が多いのではないだろうか。この二つ、確かに似ている部分もあるのだが、出発点や扱う範囲はかなり違う。

野生動物管理の出発点は生物資源管理にある。生物資源管理は野生動物にかぎらず、森林資源や漁業資源など幅広い分野にわたる大きな分野であり、対象となる資源によって多彩な学問的発展を遂げてきた。ここでの中心課題は、資源の枯渇や劣化を引き起こさないような持続可能な資源利用である。一方、保全生物学は、生物多様性の危機に呼応するようにして現れた、さまざまな基礎科学を基盤とした学際的な学問であり、「生物多様性の保全」や「健全な生態系の維持」を目標として掲げて、それにかかわるあらゆることを研究対象としている。

ただし今日の野生動物管理では、伝統的な生物資源管理だけを扱っているわけではない。関連分野である保全生物学の台頭によって野生動物管理で扱うべきメニューはかなり変化しつつある。生物資源としてだけでなく、生物多様性の保全や健全な生態系の維持の一環として野生動物を管理するという流れは、今後ますます強まるだろう。たとえば、保全生物学の中心テーマである生物多様性の維持を図るには、全体の資源量だけに配慮するのではなく、地域個体群を単位とした保全や管理を考えなければならない。生物は長い歴史の中でそれぞれの地域の生息環境に適応するように進化してきたのだから、遺伝的な多様性や形態的な多様性を維持するためには、それぞれの地域で保全を図ることが重要だからだ。また、ある生物の個体数が増加したことによって生態系が大幅に改変したような場合、個体数を抑制することによって生態系の回復を図ることもある。

これからの野生動物管理には、いずれの視点も重要である。違いを認識しながら、相補的なものとして取り入れてゆくことが求められている。

# 第四章◎採食戦略としての農地採食

## 1　農地採食を採食戦略として考える

被害現場にゆくようになって最初に思ったのは、「被害といっているのは、サルから見れば農地や集落を採食場所として利用していることではないのか」ということである。言われてみればあたりまえと思われるかもしれない。被害が出ている以上、農作物を食べているに決まっているし、農地で食べているんだからそこを利用しているなんていまさら言われなくてもわかる。それはそうなのだが、それを理論的に考えた人はあまりいないようだ。もしかしたら、そうすることによって何か方向性が見えるかもしれない。その当時は、まだ何をどうすればよいのかがよくわからないまま、自分のやっていることを何とか「学問」に結びつけたかったので、暇があればこの課題を考えるようになった。

動物の採食行動を分析するときに使われる枠組みの一つに、最適採食理論（最適採餌理論）と呼ばれるものがある。この理論によると「採食にかかわる利益（ベネフィット）と損失（コスト）を考えたときに、動物は利益を最大化するように採食行動を行なう」ことが予測される。そういったやりかたのことは採食戦略と呼ばれている。最大化されるべき利益と考えられるものはエネルギーだったり各種の栄養素だったり、あるいは捕食などの危険性も考慮したものだったりするが、霊長類の採食行動の研究にもこの枠組みは広く取り入れられている。

この理論が扱ってきた問題はおもに三つある。一つめは、いろいろある食物のうち何を選ぶか、二つめは、たくさんある採食場所のうちどの場所を選ぶか、三つめは、選んだ場所にどのくらいとどまるか、という問題である。

ニホンザルによる農地採食というのは、「山の食物ではなく農作物を食物として選ぶ」とも「山ではなく農地を採食場所として選ぶ」とも考えられる。いずれにせよ、最適採食理論を援用するなら「農地や集落を利用して農作物を食べるほうが、山の食物ばかり食べているより利益が大きい」から被害は起きると考えられる。別の言い方をすれば、サルによる農地採食は、農地という特殊な採食場所を利用する一種の採食戦略としてみなすことができるだろう。

では農地採食に関係する利益と損失とはどんなものだろうか。次にそれを考えてみよう。

## 2　農地は特殊な採食パッチ

野生のニホンザルは、採食と休息と移動を繰り返しながら一日を過ごしている。季節によって時間配分は大きく変化するが、採食のためにゆっくりと広範囲を動き回るというのが基本的なスタイルである。なぜかといえば、ニホンザルがおもに食べる果実や葉などの食物は、森の中に散らばっているからだ。果実は小さいものが多く探すのに時間がかかったり、食べられる部分が少なかったりする。皮を剝いたりするのに時間がかかるものもあるし、たくさんあっても繊維が多くて消化率が悪いものもある。というわけで、サルたちは、空腹を満たすために毎日かなりの時間を採食に費やして暮らしている。

サルが採食に利用する場所は季節に応じて変わる。たとえば、春には花が咲いている場所をよく利用し、秋にはドングリのなる木に群がるといったことが起こる。そういった採食場所のことを採食パッチ（食物パッチ）と呼ぶ。採食パッチの種類や数、大きさや分布によって、サルがどの採食パッチを利用するか、それぞれの採食パッチをどのくらいの頻度で利用するか、一つの採食パッチにどのくらいの期間滞在するか、どのくらいの範囲を動き回るかといったことが決まる。

では、サルにとって農地とはどんな採食パッチなのだろう。第二章で述べたことの繰り返しになるのだが、農地は季節が移りかわっても品目を変えながらいつも食物を供給し続けてくれる特殊な採食場所である。農作物は自然のものに比べれば消化率や栄養価の高いものが多く、食べられる部分が多いため採食効率も高い。さらに農地は集落周辺に集中分布するため、山で食物を探して動き回るのとは対照的に食物探索にかける時間は少なくてすむ。山にあるニホンザルの食物は、春と秋に豊富で夏と冬に少なくなるといわれているが、農地には夏や冬にも作物があることが多いため、本来なら食物が乏しい時期にも農作物を食べ続けることが可能になる。作物がない時期でも、レンゲがあったりほかの雑草があったりして、食物を供給する場になることも多い。集落には農地以外にも果樹などもあり、集落そのものを巨大な採食パッチとみなすことさえできる。

いいことづくめのようだが、問題もある。それは農地で採食すると、けがをしたり命を落としたりする可能性があるということである。

ニホンザルは森の動物である。開けた場所や海岸にでることはあっても、彼らの頭の中にある安全な場所とは、木やそれに代わるような高い構造物の上なのだ。野生のサルなら、一瞬で逃げ帰れる距離にそういったものがないととても不安になる。だから、広大な農地のど真ん中にサルの食害があるということはふつうはありえない。せいぜい林縁や川縁から数十メートル、よく人馴れしているサルでも二百メートルを越えることはほとんどないだろう。安全な場所から離れれば離れるほどサルが不安になるのは、無事に戻れる確率が低くなるからである。つまり、林縁などの安全な場所から離れることは、彼らにとっては生命の危険にかかわるコストなのだ。

もう一つの問題は、イヌや人間などの敵である。人間のほうは銃でも持っていない限り生命の危険はないが、それでも自分より大きい動物なのでやっぱり怖い。イヌはちょっと逃げるのが遅れるとかみ殺されるかもしれないし、そうでなくても用心に越したことはない。こういった敵もコストと考えることができるだろう。

ニホンザルの場合、現在天敵と呼ばれるような動物はいないので、森の中で採食している限り生命を脅かされるようなことはないが、農地は別である。サルの行動域が際限なく集落側に広がってこないのは、このようなコストがあるからである。

サルによる農地採食は、山の中にはない特別な利益と損失を伴う特殊な採食パッチを利用する一種の採食戦略である。皮肉なことにこの採食戦略は、個体群パラメータに影響を与え、個体数の増加と分布の拡大を引き起こすほど成功している。だが、もしこれを採食戦略と考えるなら、そこにかかわる利益と損失を明らかにして、それを操作することで被害をなくすことも理論的には可能なはずである。具体的に何をどのように操作すればよいのかを考えるのに、簡単な思考ツールを考えてみた。それが次に紹介するモデルである。

## ＜コラム4＞

### ―ボスはだれ？―

サルを観察していると「ボスはどれ？」とよく聞かれる。霊長類研究者のあいだでは、群れを統率するようなボスはいないというのが常識になって久しいのだが、一度広まった知識はなかなか変わらない。では、実質的に集団を束ねているのはだれか。それは、オトナメスたちである。生まれてから死ぬまで同じ土地で暮らす彼女たちは、どこに何があるか、いつどこへゆけば食物にありつけるかをよく知っている。群れの行き先を決めたり泊まり場を決めたりするのも、たぶん彼女たちだろう。

日頃は影が薄いオスたちが活躍するときもある。人が近くにいて急いで道を渡るときなどには、道端に座ってメスやコドモが無事に渡り終えるのを待っていることが多い。群れが移動しはじめているのにまだしつこく田んぼで食べ続けているメスがいれば、戻ってきて急きたてたりする。いわばガードマンのような存在といえるかもしれない。

## 3　農地採食の管理モデル

このモデルでは、「被害が発生するかどうかは、サルがある農地を採食パッチとして選択するかどうかによって決まる」ことを前提にしている。被害の発生のしやすさは、「農作物の、サルにとっての食物としての価値$V$」・「農地への接近のしやすさ$A$」・「農作物へのサルの依存度の高さ$k$」という三つの要因によって決まると仮定する。

「農作物の価値$V$」は、農作物そのものの質（栄養含有量や消化率）や利用可能性だけで決まるのではなく、野生の食物（農地以外で得られる食物）の質や利用可能性の影響もうける。たとえば同じダイコンでも、山に食物がない時期のほうが食物が豊富な時期に比べ価値が高い。したがって、$V$の値は季節的に変化するし、年によっても変わる。$V$はゼロから一の値を取る。ゼロというのは、野生の食物に比べ農作物には食物としての価値がまったくないことを示す。一というのは、その逆のケースである。

「農地への接近のしやすさ$A$」は、「障壁の大きさ」の関数として表すことができる。障壁の大きさには、柵などの物理的・生理的な障壁の大きさ$P_h$と、安全な場所である林から農地がどれだけ離れているか、人通りや車通りがどれほど多いかといった、サルにとっての心理的な障壁の大きさ$P_s$がある。

物理的な障壁の大きさは、食物を食べられるような状態にするためにかかるコストや探索にかかるコストとみなすことができる。一方、心理的な障壁は、前述したように、けがや生命の危険にかかわるコストである。

この三つの値の関係は以下のように表せる。

$$A = 1 - (P_h + P_s)$$

何も障壁がない農地の場合、$A$の値は最大値一を取る。一方、$P_h$と$P_s$の合計値が一以上になった場合は、$A$の値は最小値ゼロになり、農地にサルが入れないことを意味する。

心理的障壁の大きさは、サルが人や車などの人工物にどれだけ馴れているかという人馴れの程度$H$ $(0 < H < 1)$によって変化する。人馴れが進んでいればいるほど心理的障壁の大きさは小さくなると仮定し、人馴れがまったくない状態での心理的障壁の大きさを$P_s{}^*$とすると、以下のような関係で表すことが可能である。

$$P_s = P_s{}^* \times (1 - H)$$

次に、被害が起こるのはどんなときか考えてみよう。サルの被害が多いのは、農地に大好物のトウモロコシがあったり、山に食物がなかったりするときである。つまり、農作物の価値$V$が高いときといえるだろう。ただし、$V$がいくら高くても農地が完璧に囲われていれば中に入ることはできない。いいかえれば、農地への接近のしやすさ$A$が高くなければ、被害は起こらないことになる。とすると、$A$と$V$の値がある閾値を越えると被害が発生すると考えることができるかもしれない。そこで以下のような関数$f(A)$を考えてみた。

$$V = f(A) = (1 - A^{1/k})^k$$

図4-1に示したのが、この関数で表される曲線である（ここでは$k = 1.0$なので直線になっている）。直線の上側の領域が被害の発生する条件、下側の領域が被害の発生しない条件である。この図にあるMからPまでの記号は、仮想的な農地を表している。ここでは、MとNという農地では被害が発生し、OとPでは被害が発生しないことになる。もう少し細かく見ると、NとPは農作物の価値は同じくらいなのに、農地への接近しやすさが違うことで被害が発生するかどうかに差が生じている。一方、MとOでは、農地への接近のしやすさはさほど変わらないが、農作物の価値が違うためにMでは被害が発生している。

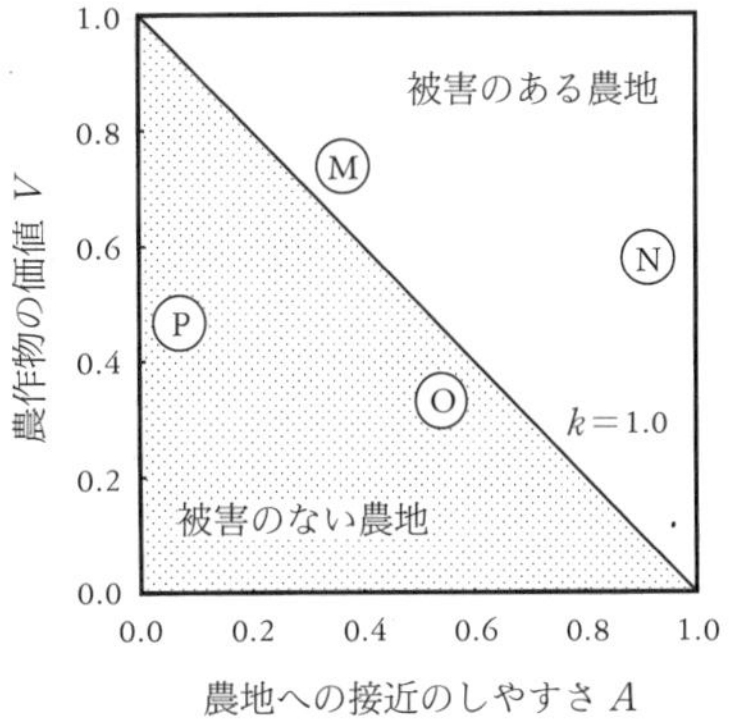


図4-1　モデルの基本図．斜線は被害が起きるかどうかの境界線を表している．ある値より農作物の価値$V$が高かったり，農地への接近のしやすさ$A$が高かったりすると被害が発生する．網掛けの部分（斜線の下側）は被害のない農地（OとP）で，斜線の上側が被害のある農地（MとN）．

　この式で、$k$で表されているのは農作物へのサルの依存度の高さである。$k$の値が大きいほど、被害の起きる範囲は広くなる（図4-2）。つまり、農作物への依存度が高くなるほど、農作物の価値が

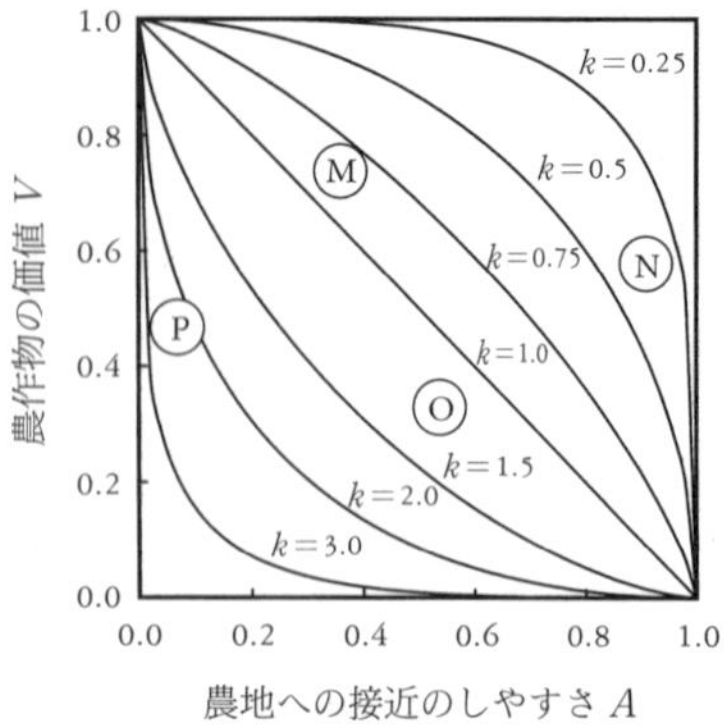


図4-2　被害が発生するかどうかの境界は，サルがどれだけ農作物に依存しているかという程度$k$によって変化する．$k$が大きくなるほど依存度が高いことを表しており，それだけ被害が発生しやすくなる．たとえば$k$が3.0以上だと，すべての農地（M, N, O, P）で被害が発生し，逆に$k$が0.25以下だとすべての農地で被害が発生しないことになる．

低くても、農地に接近しにくくても、被害が発生しやすくなることを示している。先ほどの例でいえば、$k$が一・〇のときには被害が発生しなかったOとPでも、$k$が三・〇になると被害が発生することになる。逆に、$k$が〇・二五の場合には、どの農地でも被害は発生しなくなる。

農作物への依存度の高さ$k$は、「農作物がサルの食物全体の中でどれほど重要な位置をしめているか」ということにかかわる指標である。この指標は、農作物を食べる機会が多くなるほど高くなると予測される。というのは、サルにかぎらず野生動物は栄養価が高い、あるいは採食効率が高い食物を選ぶ傾向があるため、農作物が良質の食物であれば、そちらを選択する傾向はどんどん強くなることが予想されるからだ。農作物を食べる機会の多さは、被害発生からの経過年数と残された自然環境の程度に影響されるだろうから、この指標もこれらの影響を受けると考えられる。つまり、被害発生からの経過年数が長ければ長いほど、農作物への依存度は高くなるだろうし、残された自然環境が少なければ少ないほど、急速に依存度が高くなると予想される。

## 4　被害の軽減に向けて

では、このモデルを使って実際に被害管理の方針を立ててみよう。

まずやることは、現在被害が発生している地域で農作物の価値$V$と農地への接近のしやすさ$A$についてデータをとって、管理対象となるニホンザル集団の農作物への依存度の高さ$k$の値を推定することである。具体的には、被害の発生している農地と発生していない農地でそれぞれ$V$と$A$を測定して図にプロットすればよい（図4－3）。厳密にいえば、$k$の値はサル一頭ごとに違うと考えられるが、ここでは集団の属性として考えてよいだろう。

$k$の値が決まったら、次にやることは農作物の価値$V$や農地への接近のしやすさ$A$を操作して、閾値を越えることである。$k$が一・〇の場合は、$V$と$A$のどちらを操作しても閾値を越えるまでの距離は変わらないが、それ以外の数値の場合、$V$と$A$のどちらかを動かしたほうが、平面上では早く閾値を越えることができる場合がある。たとえば図4－2のMは、$k$が二・〇や三・〇のときは、農作物の価値を下げるより、農地への接近のしやすさを下げるほうがずっと近くなる。ただしこれが現実的にどんな意味があるのかは、いまのところまったくわからない。

農地への接近のしやすさを変えるには、物理的な障壁と心理的な障壁の大きさを変えればよい。人馴れが進んでいる集団による被害なら心理的な障壁による効果はあまりできなくなるので、物理的な障壁を中心に考えてゆくことになる。具体的な方法については第六章を参照してほしい。

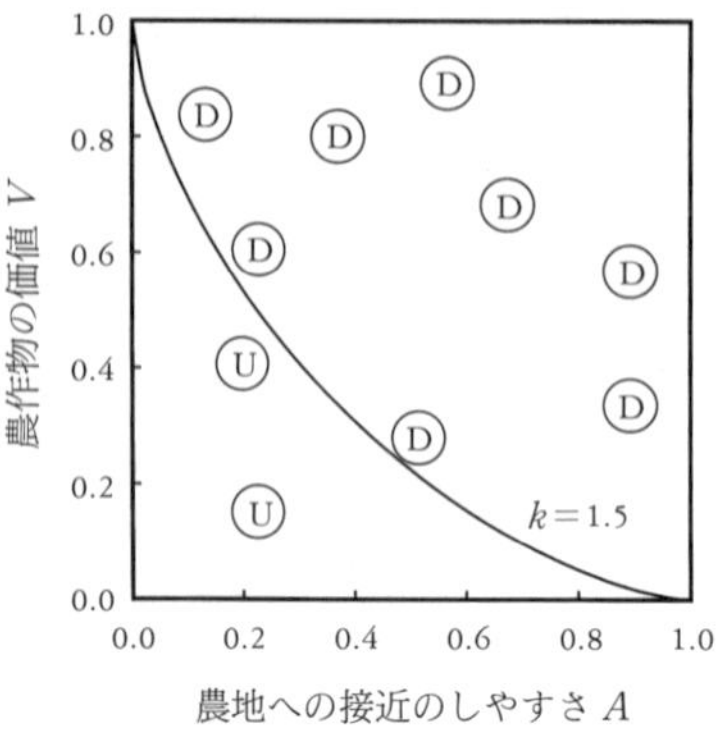


図 4-3　農作物への依存度 $k$ を求めるには，まずその地域で被害の発生している農地 (D) と発生していない農地 (U) でそれぞれ農作物の価値 $V$ と農地への接近のしやすさ $A$ を測定してプロットする．

農作物の価値については、やっかいな問題がある。それは、農地がもともと収穫したい作物を栽培する場所である以上、そう簡単に「価値を下げる」、つまり作物の種類を変えることなどできないからだ。人間にとっての価値は変わらないが、サルにとっての価値は低くなるようなもの、たとえば食べるのに手間がかかるようなものやサルの嗜好性の低いものがもしあればそれに変えるというのは一つの方法だろう。このモデルにおける農作物の価値というのは、あくまで野生の食物との相対的な価値だから、農地採食の管理ということからは少し逸脱するが、農地以外の場所にサルの食物になるような果樹を植えたりすることも、農作物の価値を下げることになるだろう。
農作物への依存度の高さを変化させるというのは、農地採食を管理する際の究極の目標と言える。先ほども述べたように$k$の値が変わると、その地域全体の被害農地の数が大幅に変わる。図4-3の例でゆけば、$k$が一・五だと被害を受ける農地の数が八つになるのに対して、被害を受けない農地は二つしかない。ところが$k$を〇・五にすることができれば、被害を受ける農地と受けない農地の数は逆転してしまう(図4-4)。つまり、サルの農作物への依存度を小さくすることができれば、それだけで被害は激減するのだ。

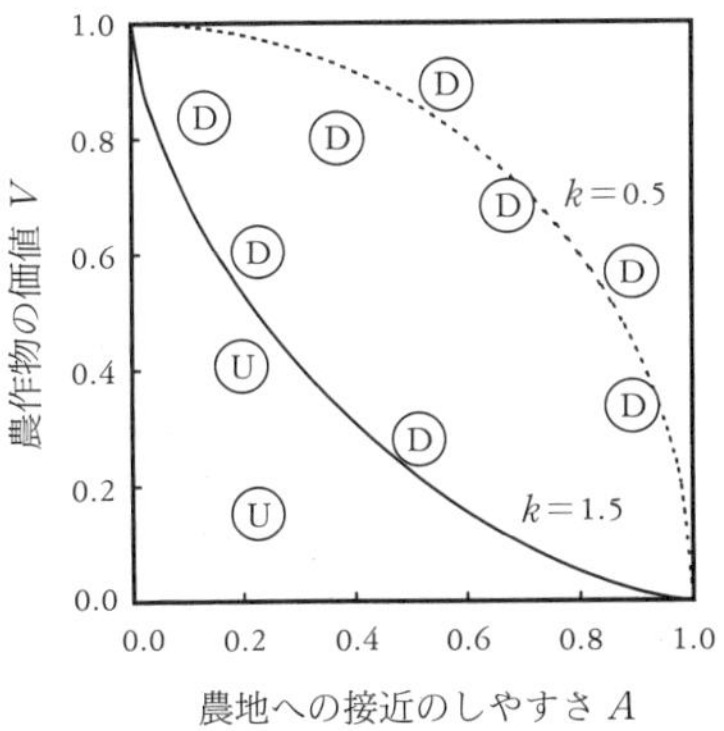


図4-4　図4-3と同じ場所で，農作物への依存度$k$が1.5から0.5に下がると，それだけで被害の発生する農地(D)の数は8から2へ減少する．

ただ、農地への依存度の高さは、長い年月をかけてサルが学習してきた結果であり、急激に変化させることができるものではないかもしれない。依存度を低くする唯一の方法は、サルが農作物を採食する機会をできるだけ減らし、野生の食物を中心とした食生活に徐々に戻すことだけである。もう一つ重要なことは、生まれてくる子どもたちに農作物の味を覚えさせないことだ。農作物を食べて育ったサルは、死ぬまで農地採食にこだわることになるからである。

このモデルはもともと農地単位で考えたものだが、農地をプロットする代わりに集落をプロットすることも可能である。その場合、集落全体にあるサルにとっての食物の価値と、集落のなかの食物に対する接近のしやすさについてデータをとればよい。次章で述べるように、集落全体で考えたほうが食物の価値$V$の操作はやりやすくなるので、こちらのほうが実用的だろう。

## 5　このモデルの実用性は?

実はこのモデルには問題がある。それは、まだ実際にデータをとって検証していないことだ。つまり、このモデルで考えていることが現実の世界に当てはまるかどうか、まだ科学的には実証されてはいないのである。これまでに何度か英文学術誌に投稿したが、いずれもアイデアは面白いけど、実証データが必要だという理由で掲載を拒否された。データがすぐに取れるくらいなら、とうにやっていると愚痴をいいながら、次の雑誌に拒否されたらデータがとれるまで待つしかないかと思いはじめている。

なぜデータなしで投稿しようと思ったかといえば、このアイデアを面白いと思ってくれただれかがどこか単純な系で検証してほしかったからだ。虫のよい話だといえばそれまでだが、日本中の山間地でニホンザルを対象にこのモデルを検証しようとすると、それぞれの変数を測るのがなかなかたいへんなのである。

このモデルに使われている変数はいずれもわたしが勝手に考えたものであり、最初からこれを測ったらよいと用意されているものではない。たとえば、心理的障壁の高さには、林縁からの距離などが使えるかもしれないし、人馴れの程度は、人が近づいたときにサルが逃げ出す距離で測れるかもしれない。農作物の価値をある程度正確にだそうとすると、森林内の食物資源と農作物の両方の利用可能性を定量化する必要があるが、自家消費用の多種類の野菜や果実の質や利用可能性を定量化するのはむずかしそうだ。農作物への依存度についても、農地を訪れる頻度や農地での滞在時間、あるいは土地利用様式のパターンなどから推測するしかないだろうが、小面積の農地が散在する条件では、何をどの程度測ればよいのか、ある程度試行錯誤が必要になるだろう。実用化を目指すときには簡略化するにしても、モデルそのものを実証するにはそれなりのデータを揃える必要があり、けっこうたいへんな仕事になりそうなのである。

というわけで、科学的な検証はまだ先の話になってしまっているが、少なくとも思考ツールとしては使えるのではないかと思っている。何をどのように変化させればよいかは、これからデータを蓄積してゆく必要があるが、現場で「自分がやっていることは、どの要因をどう変化させているのか」ということを意識してもらえる道具にはなるだろう。

# 第五章◎農地と集落の環境整備

## 1　三つの管理レベル

ニホンザルの被害管理は、大きく分けると三つのレベルで考えることができる。まず一つめは、一つ一つの農地（圃場）単位で農家が実施する被害管理、二つめは集落単位で地域が実施する被害管理、そして最後は市町村や都道府県といった野生鳥獣の保護・管理を行なう主体である行政単位で実施する被害管理である。被害を軽減するためにもっとも重要な役割を果たすのは農家や地域であり、行政はそれをさまざまな形でサポートするのがおもな役割になる。それぞれのレベルは独立しているともいえるが、被害管理を効率的に実施するには相互に連携を図ることが望ましい。行政が行なう被害管理については第七章で説明することにして、この章では農地や集落で取り組むべき被害管理について話をすることにしよう。

これまで述べてきたように、被害はサルが農地を自分たちの採食場所にすることによって起こる。もっと具体的に言えば、裏の畑にあるダイコンや庭先のカキの実が食べられるから「被害だ！」ということになる（何を「被害」と感じるかということについては面倒な議論もあるが、ここでは立ち入らない）。では、春先の田んぼに一面に咲いているレンゲの花が食べられるのはどうだろう。あるいは、稲刈りがすんだあとによく見られる落穂拾いは被害だろうか。収穫後の畑に捨てられている、出荷できなかった野菜を食べるのはどうだろう。

確かにわたしたちにとっては、この二つの差は大きい。でもサルにとっては同じ「食物」である。もちろん違いはある。それは、一方は食べていてもだれも怒らないものなのに、もう一方は見つかると追い払われたり花火を向けられたりすることだ。でもそれは本質的な違いではない。利用可能かどうか、栄養価が高い良質の食物かどうか、そっちのほうが問題だからだ。

繰り返しになるが、農地や集落が採食場所になるのはそこにサルの食物があるからである。食物になるのは、収穫を待つ農作物とは限らない。お墓の供え物も、軒先のタマネギも、倉庫にある植つけ用のジャガイモも、レンゲも落穂も捨てられている野菜も、サルにとっては食物である。庭先にある大きなカキやクリの木も、人が収穫できなければサルの食物になる。そう思って見回すと、集落のいたるところにサルの食物があることに気づくだろう。

第四章で述べたように、実際にサルによる被害が発生するかどうかは、それにかかわる利益と損失の差で決まる。だから被害を減らしたければ、できるだけサルにとってよいことを少なくしていやなことを多くすることである。たとえば、いくら集落に食物が多くても、サルにとってとてもいやなこと（たとえば、その集落に出ると必ずイヌに襲われる）があれば被害は発生しない。逆に食物があまりなくても、自由に集落に出入りできてだれにも邪魔されずに食べられるなら、サルにとっては楽園になるかもしれない。農地や集落で取り組む被害管理とは、農地や集落を「サルの楽園」から居心地が悪くて食物も少ない、出没してもよいことの何もない場所に変えることである。

## 2　なぜサルの被害を防ごうとしないのか

被害現場に出はじめた最初のころよく思ったのは、「なぜ囲いをしないのだろう」ということだった。確かにサルの被害は防ぎにくい。天井の開いた囲いではよじ登って越えてしまうし、爆音器などの脅し道具もすぐに役に立たなくなってしまう。でも小規模の農地なら、適当な支柱を立てて完全に囲ってしまえばサルは入れなくなる。材料費も、凝った物を使わなければそれほどかからない。最近広がりすぎて問題になっている竹を使えば、ネット代ぐらいですむはずである。面積の広いところなら、電気柵を張ればよい。初期投資は多少かかるかもしれないが、数百万もかかるわけではないし、それで何年も防げるのなら十分元はとれるだろう。何もしなければサルに食べられてしまうのに、なぜ囲わないのか、不思議だった。

その後、農家の人といろいろ話をするうちに、問題はそこにはないのかもしれないと思いはじめた。「効果のあることがはっきりしていれば、多少しんどくても農家はやるもんですよ」という奈良県果樹振興センターの井上さんの言葉も、問題の所在を明確にするきっかけになった。人によって違うのだが、とにかくお金や労力の問題ではないのだ。何か別の要因が、農家自身がサルの被害に立ち向かう意欲を殺いでいるらしい。

同じように被害を出す動物なのに、イノシシに対する農家の受け止め方はサルとはだいぶ違う。いま西日本のあちこちでイノシシが大問題になりつつある。実は農業被害の面積や金額も、サルよりずっと大きい。でも、少なくともわたしの調査地である三重県では、サルの被害のほうが深刻に受け止められている。それは、イノシシに対しては「やることさえちゃんとやっておけば何とかなる」と、農家が思っているからではないかと思う。イノシシ用の被害対策としてはトタン板や電気柵がかなり普及しているし、「シシもたいへんなんや」といいながら「まぁ、サルほどやないから」という農家が多い。なぜ、サルではこうゆかないのか。

考えられる理由の一つは、サルに対する農家の思い込みである。サルは賢そうに見える。脅し道具はすぐ見破るし、相手が怖くないことがわかるとすぐに傍若無人に振舞う。記憶力もよいし、目や耳の鋭さは人間並みかそれ以上だ。ただ、一言言わせてもらえば、みなさん買いかぶりすぎである。日本のサル学がさかんにサルの行動を擬人化して宣伝してきたせいかもしれないが、サルはしょせんサルである。学習能力は高いがいわゆる「物真似」はできないし、とんでもなく馬鹿なことも平気でやる。

よく現場で聞く話その一。「ボスがな、自分では入れんもんやさかい、網の端を持ち上げてコドモを通して、畑のもんを取りにやるんや」。傍目にはそううつっているかもしれないが、別に意図してやっているわけではない。たまたまオトナのオスが自分が入ろうとしてがんばっているときに、隙間があいたのでコドモがもぐりこんだだけである。首尾よく獲物を手にしたコドモが出てきたときに、オスがそれをぶん捕ったというのが真相だ。母親が自分の子どもが採ってきたものを横取りすることもよくある。だれかが何かをするときに、別のやつがその意図を汲んで協力するということは、少なくともニホンザルにはできない。ほかの個体が何を考えているか想像することすら、ニホンザルにはできないといわれている。

そんなことはない、本気で追い払おうと思うときに限って逃げる、あれはこちらが何を考えているかがわかるからだ、という反論もあるかもしれない。そのときサルにわかっているのは「こういう状況のとき、ああいう動作を人がしたら（あるいはああいう表情だったら）石が飛んでくる」ということだけである。ときには「あの人があれをしたら」というところまで覚えているかもしれない。でも、「あっ、あの人は本気だ」と推測しているわけではないのである。

よく現場で聞く話その二。「人がお昼食べに帰ったり、留守にするときにかぎって出てくるんや」。たぶんこれには三通りのパターンがある。一つは、サルが人の様子をちゃんと観察していて、人気が少なくなるときを見計らって出てくるとき、二つめは、留守になる時間帯（たとえば昼時）や曜日（たとえば病院にゆく日）を覚えているとき、三つめは、こちらでそう思っているだけで、じつはサルはランダムに出てきているときである。一つめと二つめは、もし本当なら、サルの観察力と記憶力の賜物といってよいだろう。集団生活をする社会性の動物なので、行動や状況の観察力と判断力には並々ならぬものがあり、人をしのぐ部分があることは事実である。ただこれはあくまで想像だが、いつもどおり集落のそばに来てたまたま人気がなかったので農地に出てきたということのほうが多いのではないだろうか。「あそこは今日は人がいないはずだから、食べにゆこう」と考えて行動ルートを計画的に変えるほど、几帳面な生活をしているとはちょっと考えにくいからである（まったくないとは言い切れないが）。

よく現場で聞く話その三。「人がやるのを見ていて、あとでその真似をしよる」。これはありそうな話だが、実際はサルの認知能力では物真似（模倣）は不可能だといわれている。物真似をするには、相手がやっていることを自分の視点に置きかえて再現することが必要だが、そのときの対象となる物体の見え方は、相手がやっているのを見ているときとは大幅に変わってしまうのが普通である。それを問題なく再構築するには、高い認知能力が必要なのだ。サルにわかるのは、「あのへんが怪しい」「あの物体が怪しい」ということだけである。あとは試行錯誤で正解にたどり着くのだろうと考えられている。

一つ例をあげてみよう。畑を囲っている網に大きな穴があいている。ただし穴は地面に近いところではなく、ちょっと跳び上がらないと入れないところにある。その近くで遊んでいたサルが、たまたま穴に跳び込んで中の作物を食べて出てきたとしよう。さて、周りで見ていたサルたちはどうするだろうか。「おぉ、こんなところに穴があいていたとは気がつかなかった」と、われがちにそこに跳び込むのでは、と思われるかもしれないが、そんなことをするやつはほとんどいない。急に仲間が畑の中に入ったからといって、「あいつが消えたあたりに穴があるに違いない」と判断して真似をすることはサルにはできないからだ。何となくこの辺が怪しいとは思っても、同じ場所で跳ぶことさえせず、周りをうろうろするのが関の山である。偶然穴を抜けられたサルでさえ、二度と入れないことも稀ではない。「畑に入れた」という事実と「穴を通った」という事実を結びつけて学習できていないと、つまり「なぜ自分が畑に入れたか」がわかっていないと、近いところでぴゅんぴょん跳ねるだけという結果になる。傍から見ていると、やっぱりサルはあほやと思ってしまう瞬間である。

だいぶ話が横道に逸れてしまった。本題に戻ろう。

サルの被害対策をあきらめてしまう理由の二つめは、やはり高い運動能力と器用さだろう。ニホンザルは半地上性で樹上での動きは格別優れているわけではないが、それでもほかの動物に比べればダントツである。わたしたちが想像もつかないようなところを登ったり、跳べそうもないところを跳んだりする。人と同じように親指とほかの指が向き合っているため、ものをつかんだり縄をほどいたりするのは朝飯前だし、かたく固定してあるものでも時間をかけてはずしてしまったりする。思いのほか力も強いので、狭い隙間をこじ開けたり重いものを持ち上げてしまうこともある。なので、入られないだろうと思っていた囲いを破られたり越えられたりした経験のある農家はとても多いだろう。

三つめの理由は、人間関係である。これもよく聞く話なのだが、たとえばサル対策のために畑を電気柵で囲ったとしよう。おかげで被害も出ず、久しぶりにちゃんと収穫ができた。やれやれと思っていたが、周りから「あそこはお金があるさかいな、高い電気柵を立てられるけど、うちらはお金がないさかい立てられへん。おかげで大迷惑や」という声がちらほら聞こえてくる。近所づきあいもむずかしくなるし、それくらいならみんなと一緒にサルの被害にあったほうが気が楽だと、せっかく立てた電気柵をはずしてしまう。ここまで極端でなくても、農家ごとに対策にお金をかけられる程度が違うのはあたりまえだから、似たような状況が起こることはまれではない。

こういう経験が「サルは賢い」という思い込みと重なると、サルに対しては何をしてもだめというあきらめが生まれてくる。それに拍車を掛けるのが、駆除による被害対策である。ほとんどの場合、駆除は行政を通じて猟友会に依頼されて行なわれる。言いかえると、駆除をすると決めた時点で農家が自分たちでやることはなくなってしまう。それがますます、サルの被害に対して自分たちで立ち向かおうという気持ちを失わせてしまっていることも少なくないだろう。

## 3　農地や集落を採食場所にしない

サルが集落に来ないようにするには、農地や集落をサルの採食場所にしないことである。堅苦しい言葉を使うなら、農地を含む集落全体の食物利用可能性を低くするということになる。そのためにやることは二つしかない。一つは、サルにとっての利益を減らす、つまりサルの食物を減らすこと。もう一つは、サルにとって障壁になるものを増やして農地や集落に近づきにくくすることである。

その前に、これも繰り返しになるが発想の転換をしよう。サルが近くにすんでいるところでは、何もしなければ被害が起こる。とりあえずこのことは避けられないと考えよう。夏になると網戸がなければ蚊が入ってくるし、部屋に蚊が入ったら蚊帳を吊るか蚊取り線香を焚かなければ刺されるのと同じである。

もちろん、原因になる動物を根絶するという方法も理論的にはありえる。たとえば蚊なら、大がかりなキャンペーンを張ってボウフラが湧きそうな水たまりやどぶを徹底的になくして蚊を撲滅することも可能かもしれない。昔「オコリ」と呼ばれていた三日熱マラリアは、その当時行なわれた、媒介昆虫であるハマダラカの撲滅作戦によって根絶された。ただし、そのほかの蚊については撲滅はされず、現在でもわたしたちを悩ませ続けている。ある生物を根絶するということは、想像するよりずっとたいへんな仕事なのだ。だからこそ、蚊帳こそ少なくなったが、網戸も蚊取り線香もずっとわたしたちの必需品であり続けている。

サルの被害も蚊と同じである。用心していればほとんど蚊に刺されることはないように、ちゃんと対策を立てればたまに被害が出ることはあってもそんなに大事には至らない。問題は、網戸や蚊取り線香のようなだれでも気軽にやれる対策があるかどうか、それをみんな知っているかどうかなのだ。防ぐ方法さえわかれば、わざわざ多大な経費や労力をかけて撲滅に取り組む必要はないだろう。

被害を少しでも軽減するには、まずサルの食べられるものを減らすことだ。前述したように、農作物以外にも集落にはサルの食物があふれている。自分の家や田畑の周りを見渡して、サルが食べそうなものは片づけてしまおう。余談だが、これはサルだけでなくイノシシやカラスの対策としても有効である。とくにカラスはゴミに餌付いてどんどん増えるし撲滅はむずかしいので、予防が第一である。

カキやクリなどサルが毎年来て全部食べてしまうものは、早めに収穫するか、思い切って伐って、背の低い守りやすい品種に植え替えてしまおう。もちろん思い出のいっぱい詰まった木まで伐る必要はない。持ち主のはっきりしないようなもの、毎年サルに先を越されて口惜しい思いをしているものなどだけでよい。出荷できずに田畑に放置してある農作物は、収穫するか処分してしまおう。ときどき囲いの外にサル用の作物を別に作っている人がいるが、これもやめよう。お墓の供え物も、供えたままにしないでお参りがすんだら片づけてしまう。軒先のタマネギは、サルに食い破られないようなネットか金網で囲おう。倉庫の扉は開けっ放しにしない、外出のときは窓や戸口に鍵をかける、野菜などを干すときも金網製のボックスを利用するなど、やれることはたくさんある。いちいち面倒でたいへんだけれど、こういったものを放置している限り、サルは集落に来ることをやめないだろう。

現実には、サルの食べられそうなものをすべて集落から取り除くことは不可能である。でも心配はいらない。食べられるものが大幅に減れば、多少カキやクリの木が集落に残っていても、サルは来なくなる可能性が高い。サルは集団で生活する動物なので、集団の大半の要求を満たせるような採食場所を選ぶ。言いかえれば、五〇頭の集団のうち全員が満腹できる状態から、二〇頭のサルしか満足できないような状態にしてしまえば、それだけでその集団が来なくなる可能性は十分ある(ただし、小集団に分裂してしまう可能性もないとはいえない)。とにかく食物を少しでも減らすことを考えることが重要なのだ。

奈良県果樹振興センターの井上さんの言葉を借りれば、集落からサルの食べものを減らすことは、火事でいえば「防火」にあたる。いますぐだれでもできるし、お金もほとんどかからない。いわば被害管理の基本である。

## ＜コラム5＞

### ─住宅街に出没するサル─

最近、住宅街に一頭で出没するサルがよく話題になる。「どこから来たんでしょうか」とコメントを求められることも多い。もちろん現場を見なければなんとも答えようがないのだが、付近にニホンザルの集団が生息しているような地域でオスザルが見つかったのなら、いわゆるハナレザルである可能性が高い。集団から離れたオスザルが一人で生活をするのはごくふつうの現象であり、その土地に執着して被害を出したりしなければ、さほど気にしなくてもよいだろう。

問題は、近くにニホンザルの集団がいないような場所に現れたり、現れた個体がメスの場合である。この場合は、ほぼ間違いなくだれかに飼育されていたサルである。有害駆除で捕獲された子ザルが飼われていたこともあるだろうし、ペットとして買われたものもあるだろう。いずれにせよ、大きくなって気性が荒くなったり力が強くなったりして飼いきれなくなり、山に捨てられた個体であることが多い。

テレビを見ていると、芸をするサルや居酒屋でお酌をするサルが出ていたりする。だから一見簡単に飼えそうに見えるが、ニホンザルを飼うのは大変である。興奮すると糞尿を撒き散らすので下の躾はできないし、野生のニホンザルなら人畜共通の病気を持っていることが多いので、身体や排泄物を素手で触ることも禁物である（感染の危険性を考えればお酌をするサルなんてとんでもないのだが、それを平気で放映するテレビ局も非常識としかいいようがない）。それに、野生のニホンザルを合法的に飼育するなら飼養許可を取る必要があり、都府県によっては飼育条件が細かく規定されていたり登録が必要だったりする。
野生動物を手元におきたいという人は、昔から後を絶たない。でも野生のものを手元に置くということは、本来あるべき場所から無理やり切り離して、生きる屍を作ることになりかねない。野にあるものは、野にあるままに。それがいちばんではないだろうか。

## 4 障壁を利用して被害を防ぐ

集落からサルの食べものを減らすといっても、そこにはおのずから限度がある。たとえばせっせと作っている農作物などは減らせない。そういったものには、「食べものがある状態で、それを食べられないようにする」方法、つまり被害防除技術が必要になる。これは、これ以上被害が広がらないようにする技術であり、先ほどのたとえで言えば「初期消火」にあたる。

第四章で少し触れたように、農作物を食べられないために利用する障壁には大きく分けて二種類ある。一つは、動物の侵入を阻止するような物理的障壁、もう一つは、動物の警戒心や恐怖感、あるいは嫌悪感を利用して侵入を防ぐ心理的障壁である。具体的にどのようなものがあるかは第六章で詳しく説明することにして、ここでは物理的な障壁の大きさは食物の探索や処理にかかるコストで、心理的な障壁はけがや生命の危険にかかわるコストだということだけ思い出してほしい。

被害対策としてすぐに思い浮かぶのは物理的障壁の一つである柵だろう。柵はサルが農地に入れないように囲うのが理想だが、侵入を完璧に防げなくても、サルが入ろうとして苦労するだけでもそれなりの価値がある。侵入に時間がかかるということは、食物の探索や処理にかかるコストが高くなるということを意味する。このようなコストが高くなると、その分その農地はサルに敬遠されるようになる。

物理的な障壁は、農地を単位として設置されることも、集落全体を単位として設置されることもある。農地を単位としたほうが維持管理に目が届きやすいが、集落全体で設置したほうが費用を抑えられることが多い。いずれにせよ、設置する場合にはだれがどのように維持管理するかを明確にし、効果をつねにモニタリングしていないと、すぐにただのゴミになってしまう。特別な知識や技術が必要なものは、それをサポートできる体制がない限り無駄になるので避けたほうが無難である。効果が多少低くてもだれもがそれを利用できる方法を使ったほうが、結果的には被害軽減に結びつくだろう。

心理的障壁は、いわばサルの気持ちを利用して農地への侵入を防ごうというものである。サルが怖がったり警戒したりするものはすべて障壁として利用できる。たとえば、集落内の藪を切り払って隠れ場所を減らすだけでもサルはずいぶん警戒するようになる。安全な場所へ戻るルートを遮断するような形で追い払いをすると、その場所を「危険な場所」として覚える可能性もある。重要なことは、サルに怖い思いをさせること、「何か危ないことがあるんじゃないかな」と感じさせることである。それがないと、追い払いなどをやってもかえって人馴れを進めてしまうことになりかねない。

こういった障壁は、たとえ農作物などの収穫が終わっていわゆる「被害」がなくなっても、集落内に食物があるうちは維持し続けるべきである。集落内で採食できる環境がある限り、そこは「採食場所」としてサルに認識され続けるからだ。たとえば稲刈りが終わっても、ひこばえや落穂がサルの食物にならないように電気柵や追い払いを続ける。別に直接的な被害はないので馬鹿馬鹿しいと思われるだろうが、「ここは俺たちの採食場所じゃないんだ」とサルに思いしらせることが重要なのである。

## 5　サルに強い集落づくりをめざそう

実際に被害の減った地域もあるが、これまで述べてきたことをどの程度までやればサルが来なくなるかは残念ながらいまのところほとんどわかっていない。はっきりしていることは、何もしなければどんどん被害はひどくなるということだけである。最初から大金をかけて大々的に取り組む必要はない。できることからぼちぼちやってゆくことが大切である。

被害管理を円滑に進めるには、できるだけ集落ぐるみ、地域ぐるみで取り組むことである。集落の中で取り組みに差ができると、どうしてもあまり熱心でない農家に被害が集中してしまう。それを防ぐには、可能な限り歩調を合わせて対策を進めたほうがよい。

集落からサルの食べものを減らすことを「防火」と呼び、被害が広がらないような防除技術を「初期消火」と呼ぶなら、行政による個体数管理や生息環境管理は「消防署による消火」だろう。消防署がいくらたくさんあっても、火事そのものは防げない。もちろん、火勢が強くて消防署に頼らざるを得ない場合もあるだろうし、延焼を防ぐには消防署の力が必要である。だが防火や初期消火がしっかりできないと、火事そのものを減らすことはできない。同じことは、被害管理にも当てはまる。農地や集落レベルの被害管理がなければ、被害を減らすことは不可能である。

防火や初期消火に必要な知識や技術は、消防署などが教えてくれる。それと同じように、行政には被害管理に必要な知識や技術を普及させる義務がある。被害軽減に取り組もうとする意識が農家や集落になければなかなか浸透しないかもしれない。被害が発生してからの年月が長ければ長いほど、被害軽減に失敗した経験が多くなり、あきらめも強くなる。そのような地域で農家や集落に被害対策を呼びかけても「行政は何もしないで、農家や集落に仕事を押しつけるのか」と、ますます反感や不信感を募らせてしまうこともあるだろう。

たとえ最初はそうであって、行政はサルに強い集落づくりを目指して地域住民への働きかけをし続けるべきである。結局のところ、サルを跳ねかえせる力を持っているのは、農家や集落であって、行政ではない。行政がやるべきことは、消防署をたくさん作ったり、立派にしたりすることではなく、地元に防火の意識を根付かせ、初期消火のための消防団の結成を促し、そういった活動がしやすいようにさまざまな援助をすることである。

# 第六章◎被害防除技術

## 1　被害防除技術とは何か

「被害防除技術」とは何か。それは一言で言えば、「さまざまな障壁を利用して野生動物の行動を制御し、被害軽減を図る技術」であり、被害管理の実践面を受け持つ重要な柱の一つである。

残念ながらこれまで被害防除は、いわゆる「対処療法」「応急処置」であり、野生動物による被害問題の根本的な解決にはならないとみなされてきた。読者の中にも、野生動物管理の主流は個体数管理であり、それがうまくゆけばおのずから被害問題も解決に向かうと信じている人もいるかもしれない。確かに生息密度に比例して被害が増大するような種では、個体数管理が被害軽減の有効な手段になる

（第三章　参照）。しかし、残念ながらサルをはじめとして、野生動物のなかにはそのような関係が成り立たない種も多い。そのような種による被害の軽減を図るためには、適切な被害防除技術を選んで確実に実践してゆくべきである。

さて、被害を防ぐ具体的な方法は、一般に被害防除法と呼ばれている。爆音器、ネット、電気柵、ロケット花火、追い払い、有害鳥獣駆除などなど、被害現場ではじつにさまざまな方法が使われているが、被害軽減に成功している例はあまり多くない。「サルなんて何やっても防げん」というのが、多くの農家の本音だろう。うまくゆかない理由はさまざまだが、もっとも大きな理由は、被害防除法に関する知識や技術が不足していることである。

サルの被害が顕在化しはじめたころから、おもに都府県の林業関係の試験研究機関でさまざまな防除技術の実施状況の調査や実証試験が行なわれてきた。また最近では、奈良県や滋賀県のように農業関係の試験研究機関による取り組みもはじまっている。現在使われている多くの技術については、ある程度の情報は蓄積されているといえるだろう。

しかしながら、被害現場の状況分析を行ない、費用対効果も視野におきながら適切な防除技術を選択し実行するという作業は、これまで日本ではほとんど行なわれてこなかった。また実際にある防除技術を適用して、その効果を長期間にわたりモニタリングするという作業もほとんど行なわれてこなかった。そのため、ある特定の状況でどのようにすればもっとも効果的に被害を軽減できるかということについては、残念ながら個人的な経験や推測の域を越えないものが多く、だれもが利用できるような形での知識や技術の普及が進んでいるとは言えない。

この章では、サルの行動や知覚・認知能力などに関する知見と防除技術に関する実証試験の結果を交えながら、現在行なわれているさまざまな方法をできるだけ詳しく紹介したい。残念ながら、どの方法がどういう状況に最適かということはいまの時点では断言できないが、おおまかな適用範囲は示すようにつとめた。今後各地でさまざまな方法が行なわれ、その結果が蓄積されて一般の人にも気軽に利用できるような状態になれば、より細かな選択が可能になるはずである。また、ここに載せられている情報は、研究が進むことによって今後改められる可能性があることを、あらかじめお断りしておく。

## 2　被害状況の分析と被害防除技術の選択

状況に応じて適切な防除技術を選択するには、被害の発生している場所で必要な情報を集めなければいけない。現場の状況を把握せずに特定の防除技術を選ぶのは、防除効果の面からも費用対効果の面からも不適切なものになりやすいので、絶対に避けるべきである。

現場でまず最初にやることは、被害を出したのがサルかどうかを判別することである。見分けるポイントは、歯形や足跡などの痕跡や、現場に残された糞などである（図6-1）。果物などに残った歯型はヒトの子どもと似ているので見分けやすいし、糞も見慣れるとほかの動物と区別できるようになる。タヌキやアライグマが同所的に棲んでいるところでは同じような作物に被害が出るので、間違わないよう注意が必要である。もちろんサルが食べているところを実際に見たことがあるなら確実である。

どのような場所で被害が発生しているのかという情報は、サルの人馴れの程度を判断するためのもっとも重要な手がかりになる。たとえば、林縁や川辺に近いごく一部の農地にしか被害が出ていないのであれば、人馴れのあまり進んでいないサルの可能性が高いし、林縁から百メートルのところにある農地まで被害にあうのであれば、かなり人馴れは進んでいる。ただし人馴れの程度には個体差があるので、同じ集団の個体でも林縁から離れる距離にはばらつきがある。またワカオスやオトナオスなどで大胆な個体はかなり林から離れたところまで出てくることがある。

そのほか、人と出会ったときのサルの行動も、人馴れの程度を測るよい指標になる。最初は遠くに人影があるだけで林から出てこなかったサルたちも、人馴れが進むにつれ距離が離れていれば堂々と出てくるようになり、そのうち農作業をしているほんの十メートル先で作物を食べるようにさえなってしまう。子どもや女性、あるいは老人を恐れないようになり、人家の屋根で遊んだり人を威嚇したりするようになれば、人馴れはピークに近い。観光地のサルだと、人に食べ物をせがんだり、ひっかいたりすることもあるが、人から餌をもらったことのないサルでは、そこまでゆくことはほとんどない。

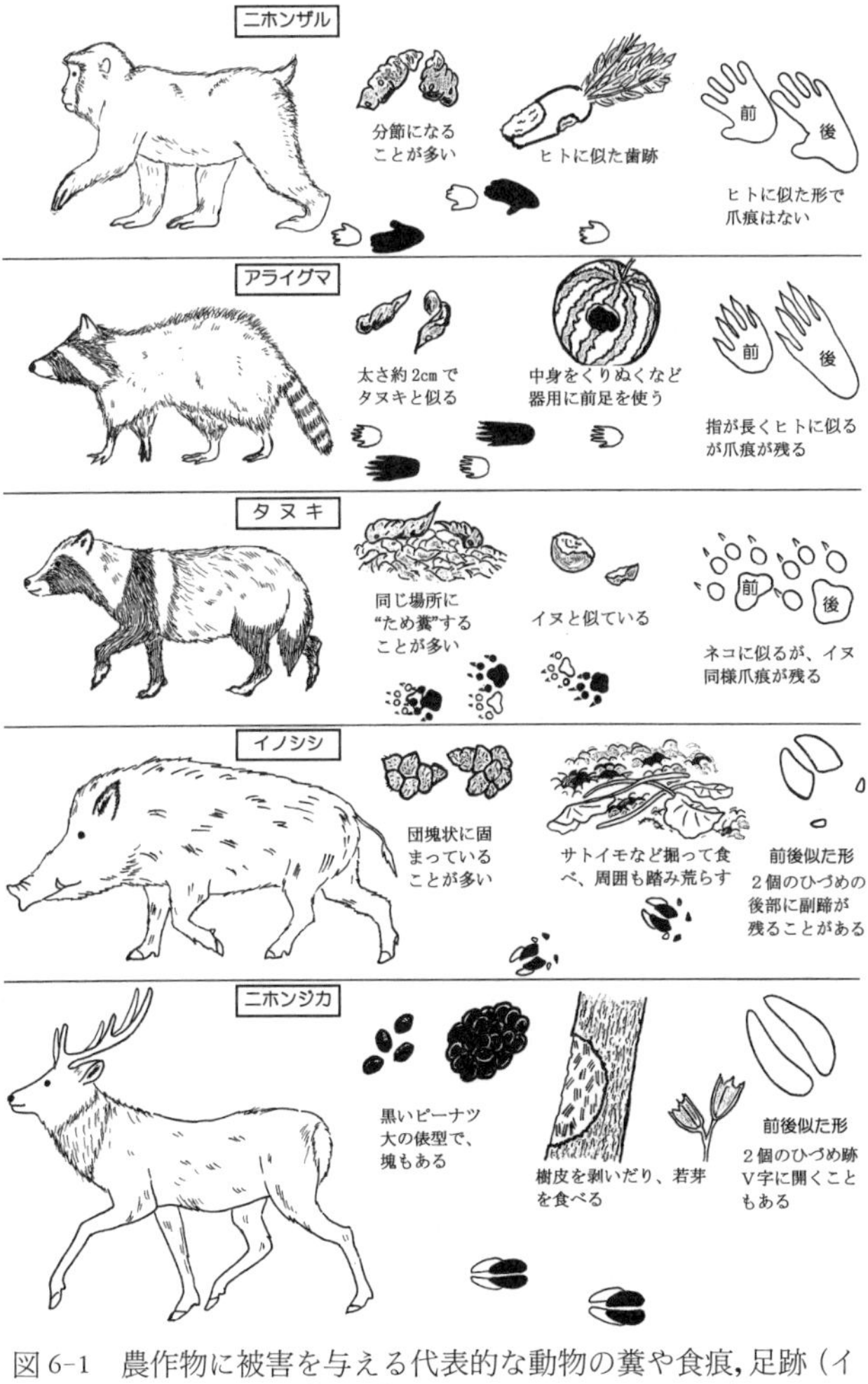


図 6-1　農作物に被害を与える代表的な動物の糞や食痕，足跡（イラスト：揚妻［柳原］芳美）．ニホンザルの足跡はほかの動物と大きく違う．

一方、被害の発生時期、頻度、被害品目の種類や数、被害が発生しはじめてからの経過年数などの情報からは、サルがどれだけ農地での採食に依存しているかということがわかる。夏や冬など山にサルの食べ物が少ない時期にだけしか被害がないのなら、まだ農作物にあまり頼っていないと考えられるが、一年を通じて数日おきに現われるようなら、農作物への依存度はとても高いと判断できる。また、被害品目が多岐にわたっていたり、ホウレンソウなど比較的嗜好性の低いものにまで手を出すようになっていれば、農作物への依存度はかなり高いだろう。被害発生からの経過年数が長いと、一般的に農作物への依存度は高くなるが、本来の生息環境である広葉樹林が広く残っている地域では、農作物への依存はゆっくりと進む可能性が高い。

そのほか集落の立地条件、集落全体の被害に対する取り組みなども、防除技術を選択するときの重要な手がかりになる。たとえば、山間部の集落の中に散在している小規模な自家消費の農地と、平野部に隣接する大規模な果樹園では、後述するように選択すべき技術が大きく異なる。また、被害を防ごうとする意識の高さによって、維持管理に手間のかかる方法が採用できるかどうか、細かな対応がとれるかどうかが変わる。

集落全体で被害管理に取り組む場合は、みんなから情報を集めて被害マップを作ってみよう（図6-2）。被害マップとは、ここに列挙したような情報を大縮尺の地図に書きこんだものである。範囲は集落単位ぐらいが適当だろう。被害マップを作ると、情報が視覚化されてわかりやすくなるだけでなく、個々の農家がもっている情報を集落全体で共有できて便利である。もちろん、集落が小さくてだれも

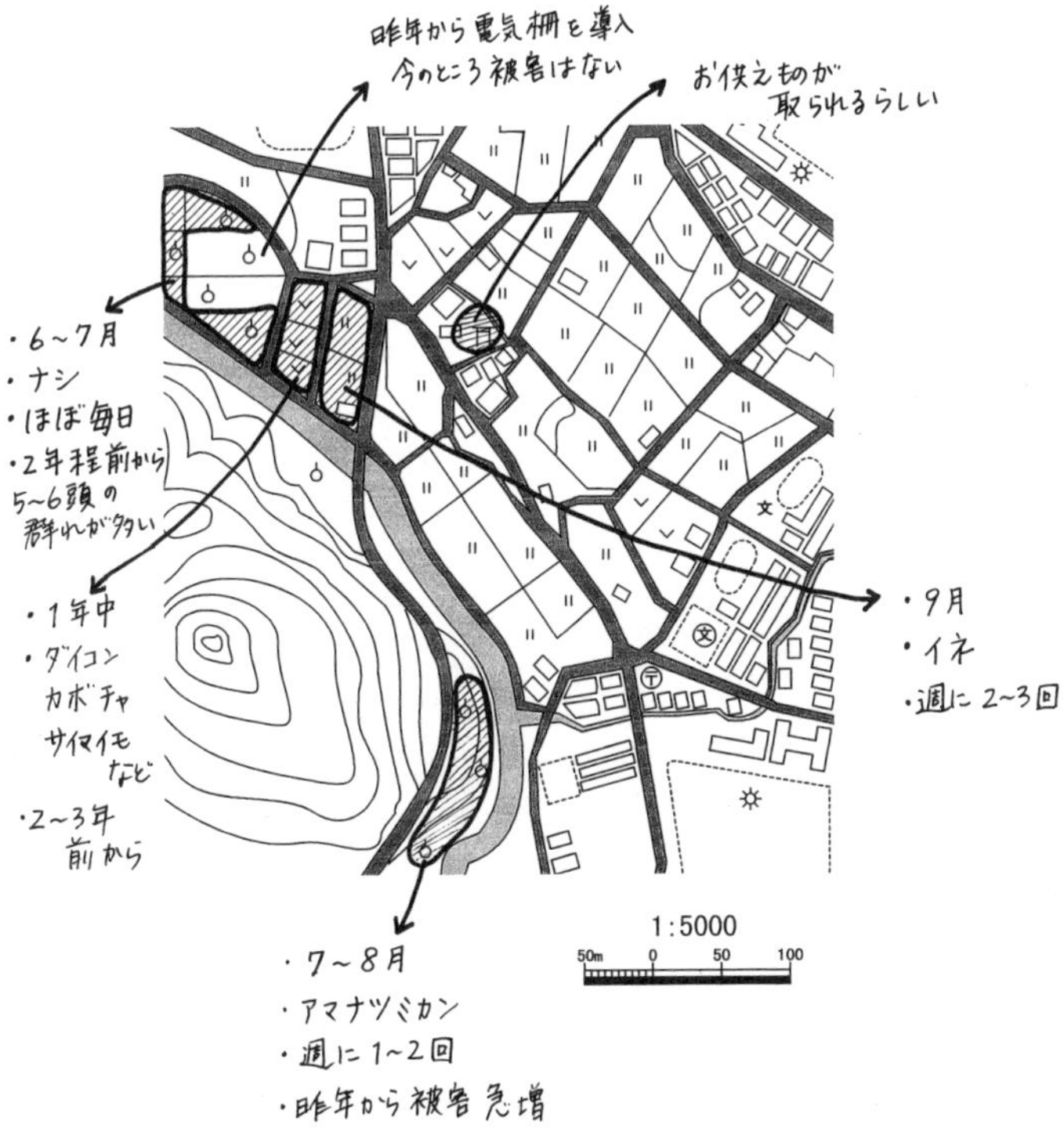


図 6-2　被害マップ（イラスト：揚妻［柳原］芳美）．都市計画図などの大縮尺の地図を使って，いつ（時期）どこ（場所）にどのような被害があるのかを記録する．このような地図を作ることで，集落全体で情報を共有できる．また，被害管理の方針を立てたり，とるべき具体的な対策を検討したりするときにも役立つ．

がよく状況を把握しているのなら、あえて作る必要はない。ただ、行政が被害管理に主体的に取り組む場合には、効果的な被害対策を実施するために集落ごとにできるだけ被害マップを作るべきである。

準備が整ったら、具体的な防除技術の選択に入ろう。防除技術の選択には三つの要素が関係する。一つめは守るべき農作物にかかわる条件、二つめはサルにかかわる条件、そして最後は、被害防除を実行する主体、つまり農家や行政の条件である（図6-3）。

農作物にかかわる条件には、経済的な価値、守るべき期間、農地の形態や広がり、立地条件などがあげられる。一般に経済的な価値が高いものほど防除にお金を掛けられるし、分散している小規模な農地より大規模に広がっている農地ほど被害を防ぎやすくなる。農地と森林が近いとそれだけ効果の高いものが必要になるし、守ろうとする作物の収穫時期が長いと効果が長続きするもののほうが都合がよい。

サルについては、人馴れの程度や農作物への依存度といった集団の性質や、群れ数や個体数の情報があるほうがよい。とくに集団の人馴れの程度が高いと、有効な防除技術が限られるので要注意である。ただし、サルについて正確な情報を集めるには調査が必要なので、当面はおおまかなことがわかっていればよいだろう。

実行者側の条件としては、防除技術の特殊性（材料・工具・知識・技能）、作業性、労力や経費の大きさ、被害防除への意欲の高さなどを考慮する必要がある。この条件はこれまであまり考慮されてこなかったが、被害防除を実施しようとする際には、実はもっとも重要な条件なのだ。たとえば、設置に

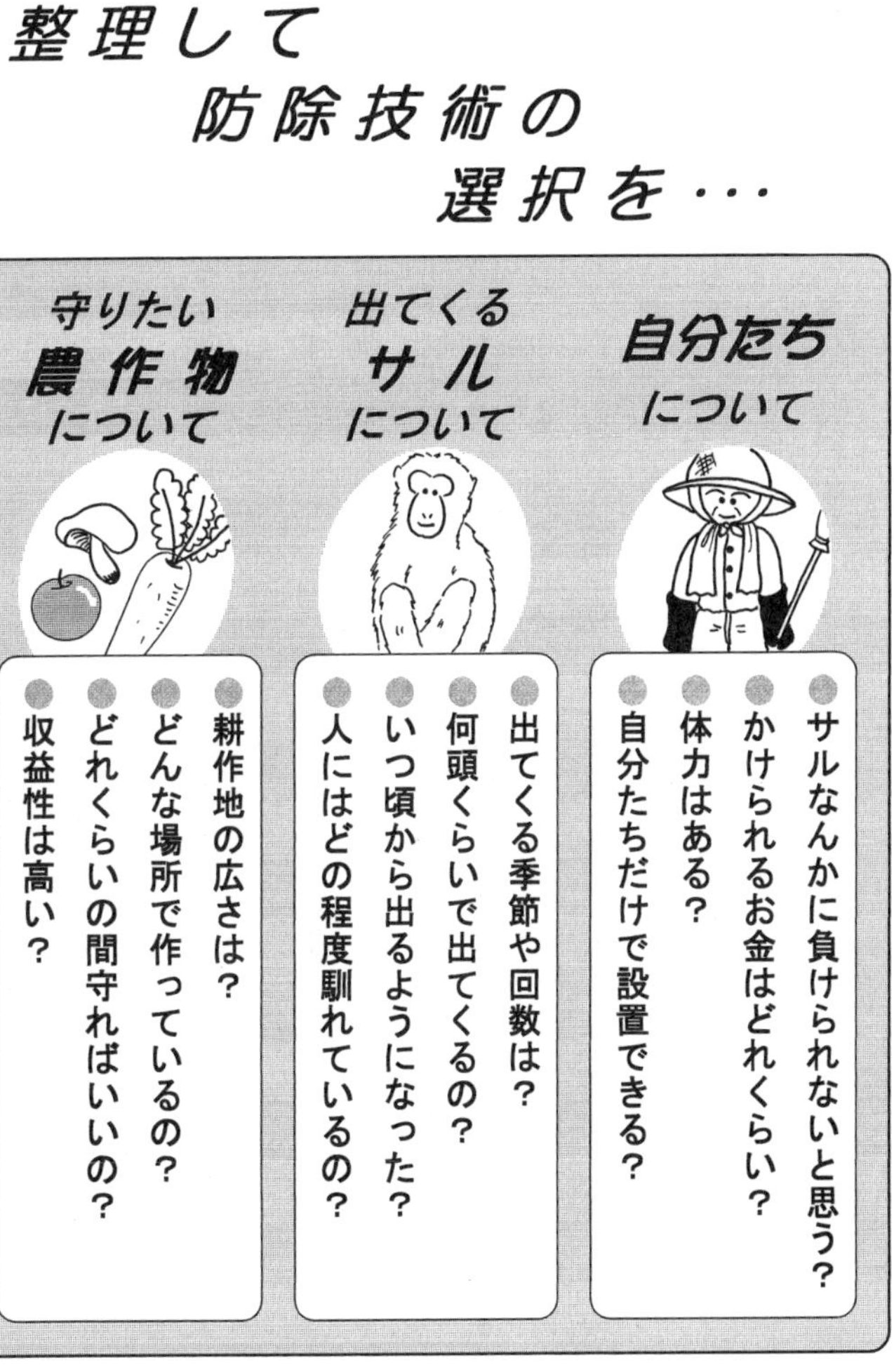

整理して
防除技術の
選択を…
守りたい農作物について
耕作地の広さは？
どんな場所で作っているの？
どれくらいの間守ればいいの？
収益性は高い？
出てくるサルについて
出てくる季節や回数は？
何頭くらいで出てくるの？
いつ頃から出るようになった？
人にはどの程度馴れているの？
自分たちについて
サルなんかに負けられないと思う？
かけられるお金はどれくらい？
体力はある？
自分たちだけで設置できる？


図6-3　具体的に防除技術を選択する場合に検討すべき三つの条件（イラスト：揚妻［柳原］芳美）．この中でもっとも重要なのは，実行者である農家や行政の条件である．サルについては，すべてが詳細にわからなくても，当面は何とかなる．

大きな機械が必要な防除器具は、作業のしやすい平野部の農地なら問題はなくても、車道のない山間部の斜面の多い農地では使えない。実行主体が行政の場合と農家の場合では、同じ地域でも取るべき選択肢は大きく変わりうる。とくに農家自身が行なう場合、特殊な工具や熟練した技能がいるような防除技術は、たとえそれが有効なものでもなかなか普及しないだろう。高齢化の進んでいる集落では、できる作業も限られている。被害を防ごうとする意識があまり高くなければ維持管理に手間のかかる方法はすぐに放置されてしまうかもしれない。

このような三つの条件を考慮し、最終的に採用する防除技術を決定する。たとえば、山間部の集落で、小規模な自家消費の農地が集落の中に散在しているような状況では、特殊な技術を使わない方法で各々の農地をしっかり守るほうが効率的であることが多い。片側が森林でもう片側が大きな集落や市街地につながるような大規模な果樹園などでは、電気柵などの防除効果の高い障壁を設けたほうが、長期的にみればコストが低く抑えられる。

地域の状況にあった被害防除技術が存在しない場合には、あらたに開発することも検討されるべきである。そのよい例が奈良県果樹振興センターが開発した「猿落君」である（図6-4（詳しくは井上 二〇〇二を参照））。猿落君の開発コンセプトは、「高齢化が進む農村で個々の農家が自分たちで農作物を守るツール」という実行者側の条件を重視したもので、特殊な材料や工具等を必要とせず作業もしやすく材料費も安いという特徴がある。サルの侵入を完全に阻止するような構造にはなっていないため、侵入が確認されたら改良するということを前提に開発されている。実際に奈良県では、集落に近い小

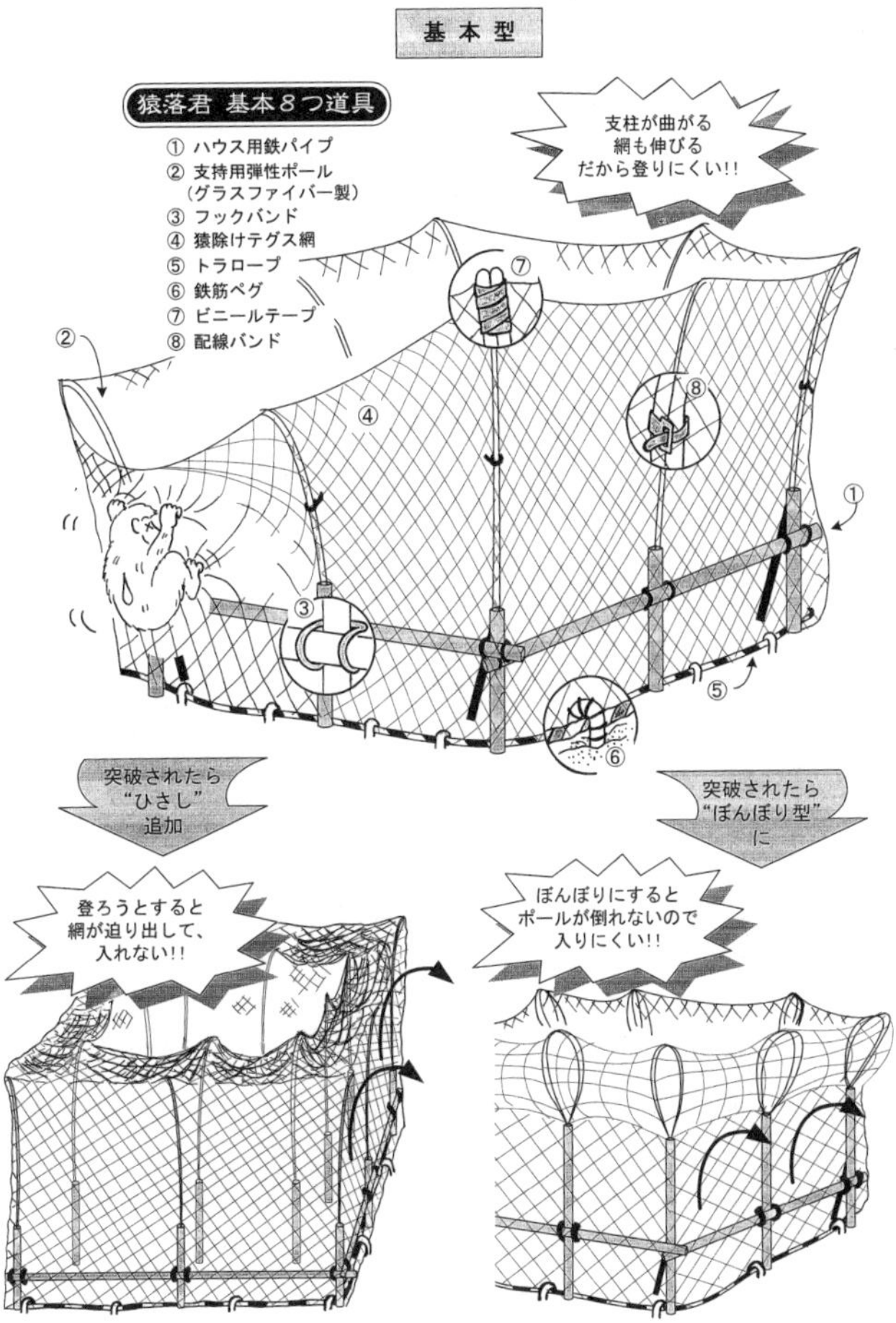


図 6-4　奈良県果樹振興センターが開発した猿落君の基本型と発展型（イラスト：揚妻［柳原］芳美）（詳細は　井上 2002 を参照のこと）.

規模の自家消費の田畑で十分な効果を発揮している。

いくつかの被害防除技術を組み合わせると、単独で使うよりも効果が上がることがある。たとえば後述するような追い払いをおもな対策にする場合でも、それだけに頼るのではなく簡単な柵で田畑を囲っておけば、サルの出没に気づくのが少々遅れても被害を少なくできる。

防除技術の選択は、現在のように情報や知識・技術の普及が不十分な状態では、ある程度専門家に頼らざるを得ない部分がある。とくに、行政主体で大規模に電気柵などを設置する場合には、税金と労力の無駄づかいを避けるためにも、農家の期待を失望に変えないためにも、業者任せにせず計画段階で必ず専門家にチェックを依頼すべきだろう。将来、被害管理システムが整えば、特殊な事情がない限り農家・地域・行政の各レベルで適切な判断が下せるようになるはずである。

繰り返しになるが、防除技術を選択するときは「だれが実行者なのか、実行者はこの技術を確実に実行することが可能なのか」ということを十分検討しないといけない。いくら効果が期待できる技術でも、実際に実施したり維持したりできないのなら絵に描いた餅である。多大な経費と労力を使って大規模な電気柵を設置しても、維持管理できなければ農家の不満の詰まった粗大ゴミになる。効果が多少低くても、みんながちゃんとやり続けられる被害防除技術を選んだほうが長期的にはよい結果を生む。これが防除技術を選択するときのもっとも重要なポイントといえるだろう。

## 3　具体的な被害防除技術

防除技術はこれまでおもに使われる材料や道具によって分類されてきたが、ここでは機能面から分類することにする。

ニホンザルによる被害を防ぐ障壁の種類は二つしかない。一つは、動物の侵入を阻止するような物理的障壁である。もう一つは、動物の警戒心や恐怖感、あるいは嫌悪感を利用して侵入を防ぐ心理的障壁である。脅し道具や忌避剤など多くのものがこれに当てはまる。それぞれの障壁は単独で用いることも、併用することもできる。生理的に作用して動物の活動を低下させたり停止させたりするような化学物質も潜在的には候補としてあげられるが、実用化できるものはいまのところ報告されていない。

ここではそれぞれの障壁について、代表的な方法の長所と短所、実施にあたっての注意、管理レベルとの対応などを説明する。

## （一）物理的障壁の利用

物理的障壁とは、文字どおりサルの侵入を妨げるような構造物などを設置する方法である。この障壁を設置する目的は「サルに農作物を食べさせない」ということだが、それによって「ここに来ても食物は食べられない」ということをサルに覚えさせることでもある。稲の刈り取り後に生えるひこばえやレンゲなど、食べられても「被害」にならないものでも、食物になるものがあれば、サルはその農地を採食場所として認識してしまう。それを避けるには、収穫後でも物理的な障壁を設置し続けるか、収穫後に田畑に残った農作物をできるだけ早く取り除いたほうがよい。

物理的障壁の代表的なものとしては、ネットや金網、電気柵などがあげられる。もちろん、手がかりのない壁、はい上がれないような深い溝なども十分障壁になるが、サルは平らな壁でも一センチぐらいの凹みや突起物があれば、指をひっかけて簡単に登ってしまうため、実際に作るのはたいへんである。ということで、ネットか電気柵を状況に応じて使い分けるのが現実的だろう。

最近、竹を組んだり、ネットを埋めたりして農作物をサルに掘られないようにする方法が奈良県果樹振興センターや滋賀県農業試験場湖北分場で開発されつつある。今後研究が進めば、それぞれの作物に応じた障壁を考えることも可能になるかもしれない。

・ネット（金網）——天井型と周囲型

これは、農地の周りに支柱を立てて周囲や天井をネットや金網などで囲う方法である。周囲や天井を囲う材料はネットでも金網でもかまわないが、メッシュが五センチ程度のものを使う。ただし、七センチ程度のメッシュでも、頭の大きさや肩幅を考えると二歳以上のサルはほとんど入れないはずである。市販されているようなテグスネットでもサルが入ろうとして噛みきることはあまりないが、農作物がネット際に作ってあって、サルがネットと農作物を一緒に噛んだりすると簡単に破れる。それを避けるには、ネット際にはトウガラシなどサルの食べないものを植えるか、サルの手が届かないようにネットから離して作物を植えるようにする（図6-5）。スイカやカボチャなどツルの出る作物は、ツルが外に広がったりネットなどに絡まったりしないように、とくに注意する。また、イノシシやシカの被害もある場合には、テグスネットはすぐに破られてしまうので、多少経費がかかるがもっと丈夫なネットや金網を使う。テグスネットは二年ぐらいで劣化して破れやすくなるので、そのぐらいを目処に新しいものと交換する。

サルが入ろうとするおもなポイントは、ネットの継ぎ目と地際の二箇所である（図6-5）。ネットの継ぎ目は、引っ張られたときに隙間ができないように必ずある程度の幅を重ね合わせて、それぞれの端を隣のネットにしっかり固定する。とくに天井の継ぎ目は、サルが上で飛び跳ねたりして緩みやすいので、重ね合わせる幅を広くする。地際はネットにロープを通して〇・五～一・〇メートル間隔でペグ止めするか、細めの丸太や鉄管などを重石代わりにしてしっかりと固定する。人間が一人で運べ

**設置の一般的なポイント**

① ネット際には何も植えないか、トウガラシなどサルが食べないものを
② ネットの継ぎ目は充分に重ねて固定しよう
③ 地際のネット固定は石などを避け確実に

図 6-5　すべてのネットや電気柵に共通する，設置上の注意点（イラスト：揚妻［柳原］芳美）．タヌキなどとは違い，地面を掘って侵入することはほとんどないが，押さえの石は動かしてしまうこともある．

るような石はサルでも動かせるので、地際を止めるときには石は使わないほうが無難である。地際に五、六センチ以上隙間ができるとサルは入ろうとするので注意が必要である。

天井型ネットとは、天井までネットで囲ってしまう方法である（図6－6）。支柱はなんでも構わないが、天井にサル（重くて一五キログラム程度）が乗ったり飛び跳ねたりしたときに支えられるだけの強さが必要になる。広い範囲を囲う場合には、農作業の邪魔にならない程度に囲いの中にも支柱を立てたほうがよい。

この方法の長所は、しっかり囲えば完全に被害を防ぐことができることと、材料を選べば比較的維持管理に手間がかからないということである。短所は、材料にもよるが、設置に人手や費用が掛かる、天井を低くすると農作業がやりにくくなる、天井を囲うので広い農地には使いにくい、閉塞感がある、鳥が入りにくくなって害虫が発生しやすくなる可能性がある、などである。この方法は、農家が小さな農地を囲うのに向いている。

一方周囲型ネットとは、周囲に支柱を立てるが、天井は何も覆わない方法である。周囲を囲う材料や張り方は、上述した天井型ネットと同じである。この方法の長所は、天井型ネットに比べて設置するのが簡単で費用も安いこと、当然ながら上を覆うことによって生じるさまざまな欠点がないこと、などである。短所は、というより致命的欠陥は、支柱を上って上からどんどんサルが入ってしまうために、新しいものに対するサルの警戒心が薄れた時点でほとんど効果がなくなることである。

最近になってこの欠陥を補うために二つの方法が考えられた。一つは、前述した「猿落君」のよう

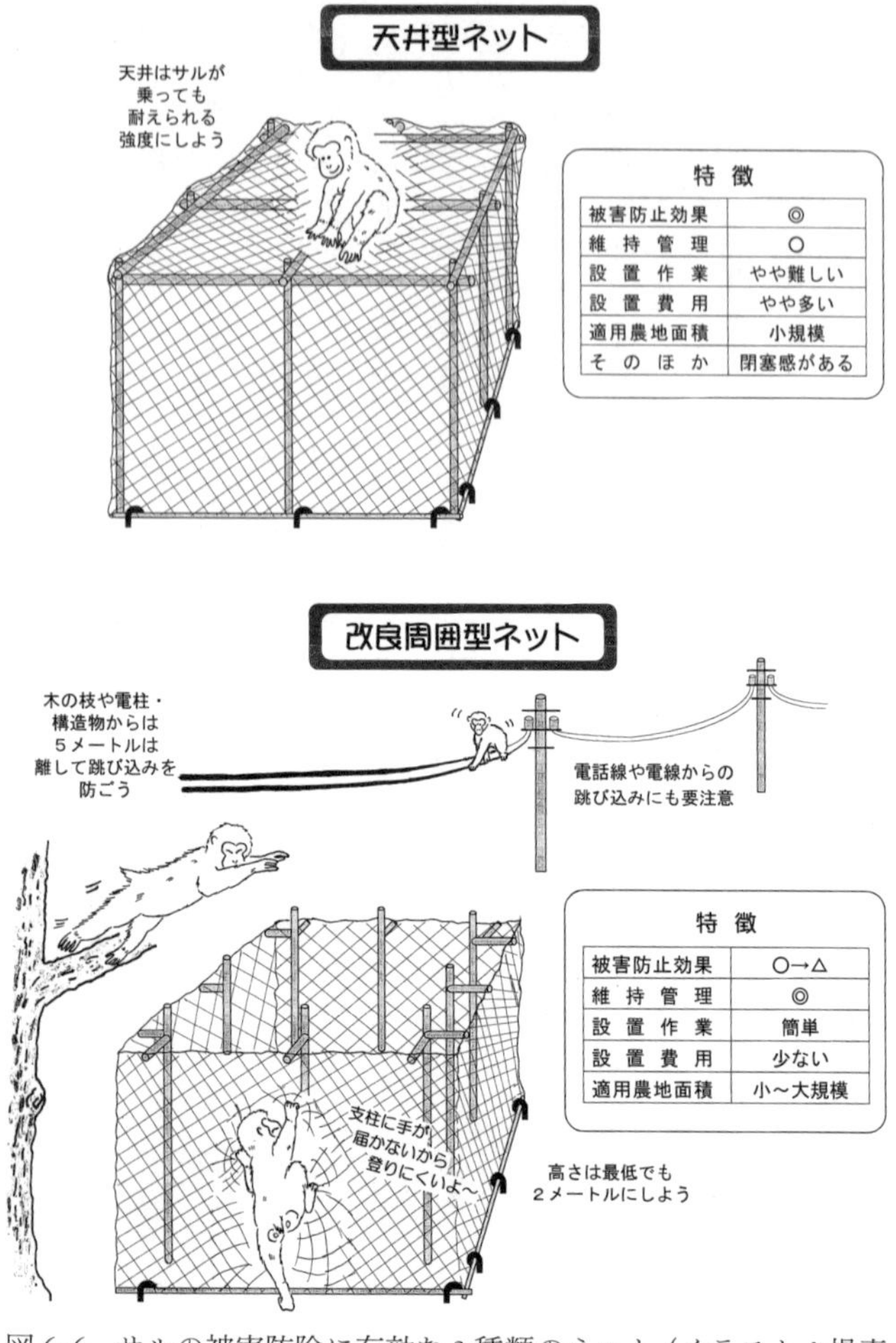
天井型ネット
天井はサルが
乗っても
耐えられる
強度にしよう
特徴
被害防止効果 ◎
維持管理 ○
設置作業 やや難しい
設置費用 やや多い
適用農地面積 小規模
そのほか 閉塞感がある
改良周囲型ネット
木の枝や電柱・
構造物からは
5メートルは
離して跳び込みを
防ごう
電話線や電線からの
跳び込みにも要注意
特徴
被害防止効果 ○→△
維持管理 ◎
設置作業 簡単
設置費用 少ない
適用農地面積 小～大規模
支柱に手が
届かないから
登りにくいよ～
高さは最低でも
2メートルにしよう

図 6-6　サルの被害防除に有効な 2 種類のネット（イラスト：揚妻［柳原］芳美）．天井型ネットは，上部まで囲ってサルが入れないようにするタイプで，跳び込みがないので林縁のすぐ近くでも設置できる．改良周囲型ネットは，ふつうの周囲型ネットよりも侵入にかかる時間が若干延びるので，人通りの多い場所なら効果がある．

に支柱に柔軟性を持たせることで、サルが支柱を上りにくいようにするものである。設置条件にもよるが、実際にサルの侵入を防げることがすでに確められている。もう一つは、支柱から腕を外側に伸ばし、サルが直接支柱に触れないようにしてネットを張る方法である（図6-6）。この方法についてはまだ予備試験中だが、少なくとも侵入するのにかかる時間が若干のびることがわかっている。乗り越えられる危険性を少しでも減らすために、これらの柵の高さは最低でも二メートル程度は必要だろう。

前述した天井型ネットと違い、これらの方法はサルの侵入を物理的に完全に遮断するのではなく、侵入にかかる時間をのばすためのものである。侵入に時間がかかるということは、それだけ採食効率が悪くなることなので、サルにとってあまり魅力的でない農作物ならあきらめてくれる可能性がある。

ところでこの方法には、物理的障壁としての効果と併せて心理的障壁としての効果も期待できる。安全な場所から離れてネットの周辺に長時間いればそれだけ人に見つかりやすくなるため、人馴れしていない警戒心の強いサルほど侵入をあきらめるようになる。言いかえれば、この方法がもっとも有効なのは、人通りや車通りの多いところや、林縁などサルにとって安全な場所から離れた農地ということになる。

設置上の注意点は、前述したネットの継ぎ目と地際の対策に加えて、周囲からの跳びこみをなくすことである。近くの木の枝や構造物は、余裕をみて五メートルくらいは農地から離すようにする。サルはバランス感覚がよく、手だけでなく足でも物を握れるので、電話線程度の太さがあれば上を歩くことができる。もし電話線や電線などが農地の上やすぐそばを横切っている場合は、侵入を防ぐ工夫が必要である。奈良県猿害対策チームでは、テレビアンテナ用の支柱や支線用の細い金属製の柱、テレビアンテナからのケーブルなどに、一メートルくらいの幅でグリスを塗って侵入を防いでいる。塗る幅が三〇センチぐらいだと効果がないらしい。電柱など太いものには、ビニールなどを巻きつけてから塗る。ただケーブル類に直接塗った場合、被覆資材が劣化する可能性はチェックされていないので、侵入が確認されなくなったら拭っておいたほうがよいかもしれない。

「猿落君」は、すでに奈良県各地でその効果を実証済みである。が、残念なことに、ほかの地域ではうまくいかないこともあると聞いている。憶測にすぎないのだが、失敗の原因の一つは、設置までの状況分析と被害が発生したときの対処の違いかもしれない。奈良県猿害対策チームでは、被害発生時にはできるだけ早く現場に掛けつけて、農家と一緒になって侵入過程を分析し改善方法を考えると聞いている。侵入があってはじめて設置上の問題点に気づくことも少なくないだろう。場合によっては「改良型猿落君」にバージョンアップする必要もあるかもしれない。いずれにせよ、完全に物理的に侵入を阻止するような構造になっていない以上、設置後のモニタリングと改良というプロセスは欠かせない。

この方法は、天井型と同様、基本的には農家が自分の農地を囲うときに利用するものである。しかし集落の周囲を囲うといった形で広範囲に設置することも、場合によっては有効だろう。その場合には、被害にあいやすい農地の場所や、集落へのサルの侵入経路などにあわせて設置しなければならない。日頃のチェックや侵入された場合の対処をどうするかといったことも、あらかじめ集落全体で決

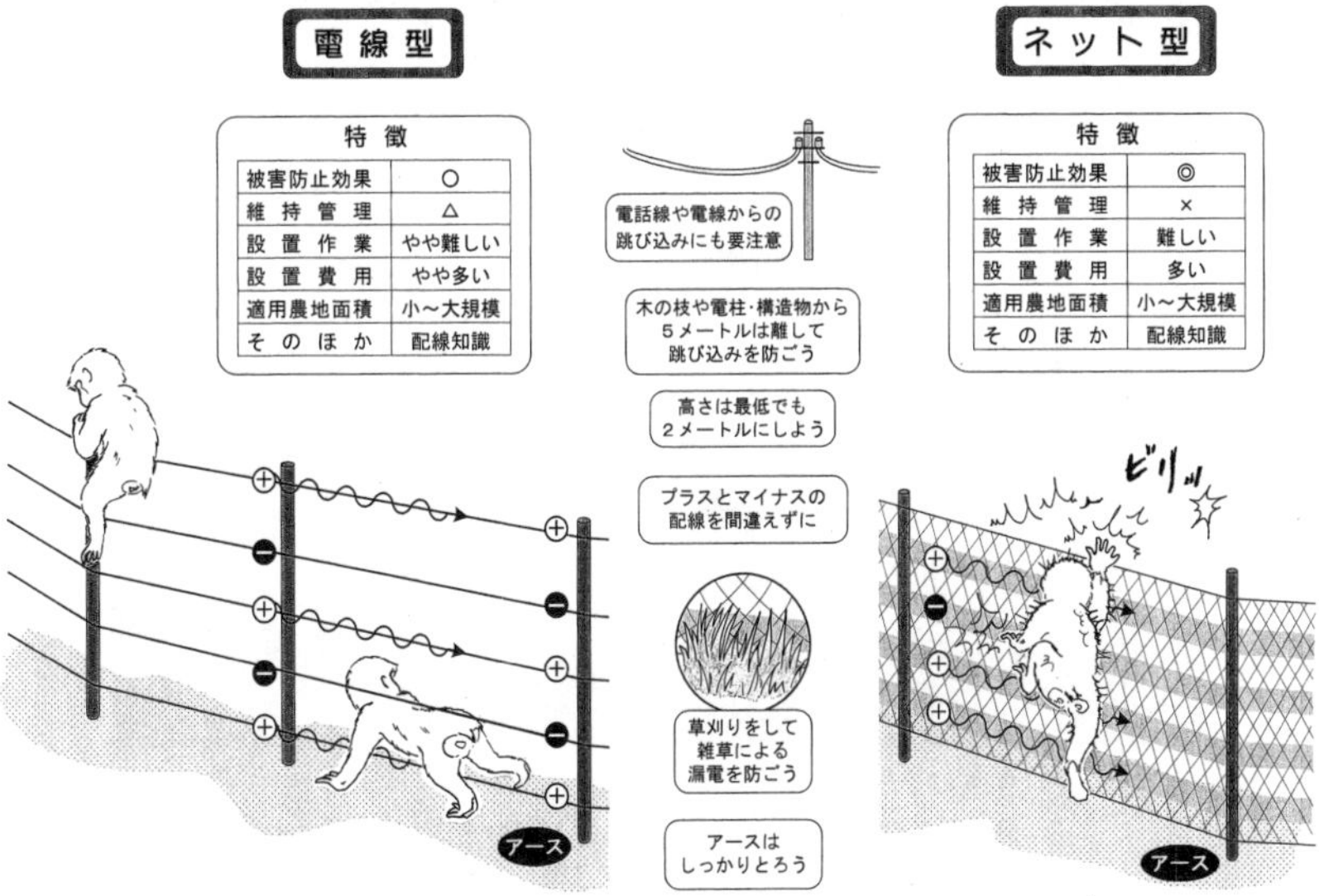


図 6-7　電線型電気柵とネット型電気柵（イラスト：揚妻［柳原］芳美）．電気柵は，漏電を防ぐための草刈りが欠かせないが，正しく設置できれば効果は高い．

めておく必要がある。

・電気柵——電線タイプとネットタイプ

電気柵とは、あらかじめ設置した電線やネットなどに電牧器と呼ばれる電源装置から一定間隔で高圧の電流を流して、野生動物の侵入を防ぐ仕組みになっている柵のことである（図6－7）。電気柵は電気ショックに対する動物の嫌悪感を利用しているので、心理的障壁ともいえる。もともとは、家畜が囲いの外に出ないように考案されたものだが、シカやゾウなどが農地に侵入するのを防ぐのにも利用されるようになった。電圧は数千ボルトだが、電流はごくわずかなので、何か特別の理由がない限り人が触れても生命への

写真 6-1　電気柵の上を跳び越して畑に入るサル（鈴木克哉さん提供）．どんなに高性能の電気柵でも，近くに手ごろな構造物があれば，そこから侵入される．

危険性はない。ちなみに生命の危険を感じるような非常事態になると、サルは電気ショックなど気にしないで電気柵を越えてしまう。サル用のものだと、高さは少なくとも一・八〜二メートル程度必要になる。

電気柵は、サルの被害に対して有効な手段としてさまざまな報告書に取りあげられている。確かに適切なものをちゃんと設置すれば確実に効果がある。だが残念なことに、わたしがこれまでに現場で見た電気柵は、高さが低かったり、周囲からの跳びこみが可能だったりしてほとんどが簡単に入られるようなものだった（写真6-1）。もっとも農家のほうでは、シカやイノシシへの対策のために電気柵をしていて、サルを防ぐことを最初から考えていないことも多いようだ。いずれにせよ、サルへの対策として効果的に張られている電気柵はとても少ないというのが率直な印象である。

電気柵には支柱を立てて電線を一定間隔で張るタイプ（電線タイプ）と、電線の編みこまれたネットをはるタイプ（ネットタイプ）がある。電線タイプは、シカやイノシシの被害防除に使われており、地域によってはかなり普及している。つねに地面に足がついているシカやイノシシに対しては、すべての電線をプラス線にして地面をアースにすればよいので設置が簡単である。サルに使う場合には、プラス線とアース線（マイナス線）を交互に張るなどの工夫をしないと効果が低い。というのは、サルが支柱に上って電線にさわっても、プラス線だけだと地面に足がついていない限りビリッとはこないからである。ネットタイプは、プラス線とアース線がお互いに接しないように交互に十数センチ～数十センチの幅で編みこまれたもので、サルに対してはいまのところもっとも効果があると言われている。ネットの継ぎ目や地際のチェックと、周囲からの跳びこみのチェックは、これまでと同様必要である。

電気柵のもっとも大きな欠点は、維持管理に手間がかかることである。電線に雑草がからむと漏電するため、定期的な草刈りが欠かせない。それに少なくともプラスとマイナスの配線ができるだけの電気の知識がないといけないし、場合によっては電気のロスを少なくするような配線の工夫も必要になる。それに、ほかの方法にくらべて設置に人手と経費が格段にかかる。収益性の高い大規模な果樹園などには導入しやすいが、自家消費の小規模な農地に大掛かりな電気柵を設置するのはかなり厳しい。後者の場合、近隣の農家数軒で協同するなり、集落全体で協力体制を作るなどの工夫が必要になる。

電気柵にはもう一つ、隠された大きな問題がある。実はいま普及している多くの電気柵はサルを効果的に防ぐような構造になっていない。安全上の問題から、ほとんどの電気柵は一秒以上の間隔で電気が流れるようになっている。ということは、いいかえれば、電気の通っているところを一秒以内に通過できればショックのこないうちに越えることができるのである。もしサルの侵入を防ぎたいのなら、越えようとすると必ずプラス線とアース（マイナス線）を同時に一秒以上触るような構造になっていなければいけない。電線タイプの場合、ぐずぐずしているとビリッとくるが、思いきって跳びこめば一瞬で通過できるから、入り方を覚えてしまえば簡単に入ることができるようになる。最近の研究から、手足や顔など毛のないところに電線があたらなければ、ほとんどショックを受けずに入れることもわかってきた。効果が高いといわれているネットタイプでも、支柱を伝って駆け上がれれば、通過できないことはないかもしれない。たまたまビリッとこないで通過できたサルが出てきたら、多少は侵入されるようになる。

この欠点を補うためにわたしが考えたのは、支柱から腕を数十センチ程度外側に伸ばし、サルが直接支柱に触れられないようにした電気ネットである（図6‐8）。上端がステンレス線入りのロープになっていて、これをプラス線にする。ネットは上部十数センチをのぞく部分をステンレス入りにして、これをアースにする。ネットの下部には電気が通っていないので、漏電対策にあまり気を使う必要はない（ただしつる草の処理は必要である）。プラス線のロープに接する部分だけ支柱側（腕側）の絶縁をすればよいので、特別な支柱は不要である。配線も、プラス線とアース部分が一つずつあるだけなので、

## 新型電気柵　ネットタイプ

ネットが支柱から離れている
↓
乗り越えるのに時間がかかる
↓
ビリビリッ!!とくる確率が高くなる

**特徴**

| | |
|---|---|
| 被害防止効果 | ◎ |
| 維持管理 | △ |
| 設置作業 | やや難しい |
| 設置費用 | やや多い |
| 適用農地面積 | 小～大規模 |
| そのほか | 配線知識 |

プラス線のロープと
支柱の接触部は
碍子などで絶縁する
ビリ
ネットの上部
１０～２０㎝を
絶縁する
アース
草刈り
ほとんど不要

図 6-8　新型電気柵ネットタイプ（イラスト：揚妻［柳原］芳美）．これまでの電気柵より構造が簡単で，草刈りなどの維持管理も少なくてすむ（特許出願中）．

ほかの電気柵に比べると単純でわかりやすい。この構造は、サルの行動を知っている人ならおそらくだれもが考え出せるコロンブスの卵だと思うが、とかく複雑で面倒になりやすい電気柵を少しでも簡単に、しかも安くという欲張りな要求から生まれたものだ。

このような構造をもった電気ネットで実際に防げるかどうかを確かめるために、一九九九年に霊長類研究所で飼育されている集団（嵐山群）を対象とした予備実験を行なった。約二三〇平方メートルの台形型の放飼場に高さ一・六～二・〇メートルのネットを設置して、ネットの内側にサルがどのようにして入るかを調べた。試験した条件は、①市販されているテグスネット（五センチメッシュ）を支柱に接触して張る、②支柱から離して張る（支柱からの距離は五〇～六〇センチ）、③支柱に接触してネットを張り上部にプラスとマイナスの電線を二〇センチ間隔で並行して通す、④ワイヤー線が編みこまれたネットを支柱から離して張り上部にプラス電線を通す、という四種類である。この④の条件が、新しい構造の電気柵というわけである。電牧器は一般に市販されているもの（スピードライト社製AN-90型）を使った。柵の中にサツマイモやミカンなどの餌を撒き、ビデオカメラで全景を撮影しながらネットに接触する個体をできるだけ識別して音声で行動を記録した。それぞれの条件で一日一～二時間程度で約一週間観察した。

結果についてはまだ分析中だが、いままでにわかったことは、①②の条件では数個体に入られたが、ネットを越えるのに①は平均五・七秒、②は平均一一・三秒かかったこと、③は最初は入られなかったが、支柱を一気に駆け上がってたまたまショックを受けずに入れた個体が現われ、その個体は繰り返し入ったこと、④については何度か試みた個体はいるものの、結局一度も入られなかったこと、などである。支柱から離してネットを張る（②の条件）だけでも、支柱に接触して張る場合にくらべてサルが乗越えるのに時間がかかることがわかったが、その反面、テグスネットというのは大きなサルが跳びこめば簡単に破れること、食い破ることを目的にしてかじられると簡単に穴があいてしまうことなどもわかった。

面白いことに、かじってあけた穴や跳びこんだサルがあけた大穴を使ってほかのサルが中に入るということはほとんどなかった。それどころか、一度は自分で穴を見つけて入ることに成功したサルも、続けて入れるようになるとは限らないようだった。やはり、ほかのサルがうまく入ったからといって、見ているだけでそれを真似て入ることはできなくて、自分で試行錯誤を重ねる必要があるらしい。

④のタイプの電気柵が本当に効果的かどうかを確かめるため、二〇〇一年の暮れから高浜群という七〇頭ぐらいの別の集団を対象にして若干違う電気柵を設置して長期実験をはじめた。腕の長さが三〇センチで高さは一・七メートルの支柱に幅一・七メートルのステンレス線の入った網（ただし上部十数センチは、ステンレス線の入っていない絶縁部分）を張り、腕の先端にステンレス線入りのロープを張った。ロープにプラス線をつなぎ、ステンレス線入り網をアースとした。

まず電気を通さない状態で自由に出入りをさせたところ、集団中の一歳から五歳くらいまでの個体のほとんどが中に入って餌を食べるようになった。五日間そのままの状態で放置し、十分柵に馴れたものを確認してから、通電して実験を開始した。そうすると最初数頭がショックを受けずに入ったもの

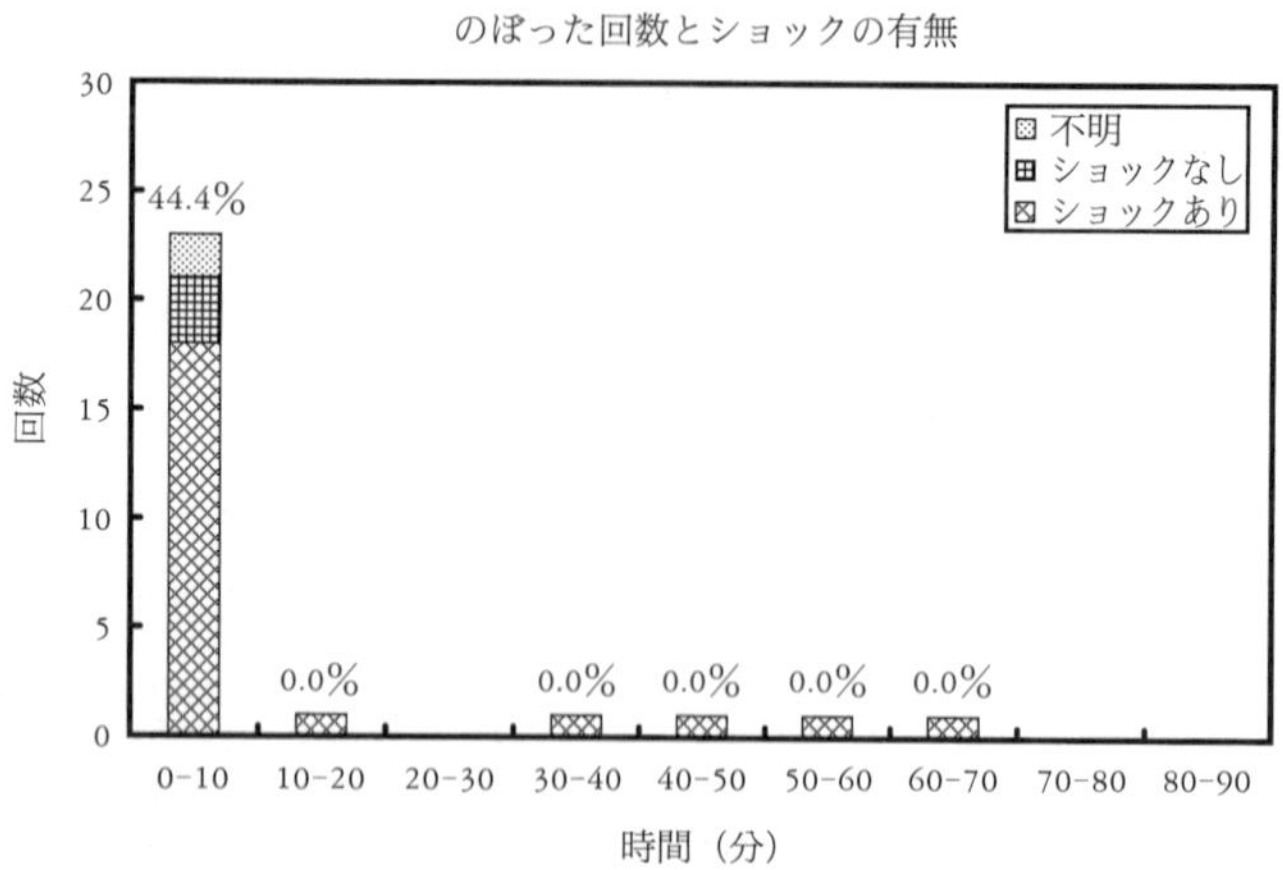


図 6-9　霊長類研究所の放飼場で行なった新型電気柵の実験結果（1日目のデータ）．グラフの柱の上にあるのは，入った割合（%）．最初の 10 分間に 23 回乗り越えようとして，そのうち 44%が入った．その後は乗り越えようとするサルはほとんどいなくなった．

の、柵の内側に出入りするときに電気ショックを受けるサルが次々と観察され、すぐに入らなくなってしまった（図6-9）。一度ショックを受けても納得できずに、びくびくしながらもう一度乗り越えようとする個体も観察された。二日目と三日目には何頭かが侵入を試みたが、いずれもショックを感じて入らず、四日目には上端のロープまでたどり着こうとする個体さえいなくなった。その後ほぼ一ヵ月間実験を続けたが、乗り越える個体は観察されなかった。

　この結果に気をよくして、翌年春にほぼ同じ構造の電気柵を使って野外実験をはじめた。三重県名張市の紹介で試験地を提供してくださった竹内ブドウ園では、数年前からサルの被害に悩まされているとのことだった。資材の検討や柵の設計にあたっては、三重県林業技術センターの佐野明さんや奈良県果樹振興センターの井上さんにいろいろと相談させてもらった。

ブドウ園の片側は高台になっていて、そこからの侵入が予想されたので、そちら側の高さを四メートルにするなど少し変則的な張り方を採用した。設置当日は、三重県や名張市の職員の方々や、鳥獣保護員の方、研究所の大学院生など、総勢三〇人くらいで作業をして無事張り終えられた。なにぶん初めてのことでありいろいろと作業に手間取り、みなさんにはずいぶんご迷惑を掛けてしまった。その後、支柱の立て方がよくないためにあちこちで漏電が起きることがわかったのだが、竹内さんのメンテナンスのおかげであまり問題ない程度におさまっている。

万全を期したつもりだったが、設置後四ヵ月間に少なくとも二回は何者かに侵入されたようだ。侵入経路の一つは、電気柵を設置するときに伐採しようかどうか迷った、ネットに近いところに生えている二メートルくらいのシキミらしく、これは侵入されたあとに竹内さんが伐採してくださった。もう一つは、ネットを鉄管で抑えている下からのもぐり込みや食い破りなのだが、少なくとも数箇所からの侵入路があり、足跡などからタヌキではないかと推測している。いずれにせよ、被害の程度や痕跡から推測する限り、群れの侵入はとりあえずは防げているようだ。この電気柵の最終的な性能評価が下せるのは数年先だが、それまでは追跡調査をする予定である。

電気柵は、農家が自分の農地に設置することも、集落の周囲を囲うといった形で広範囲に設置することも可能である。人通りのまったくない場所でも適切に設置してあればサルの侵入を防ぐことができる。ただし設置にあたっては、適切な技術指導や資金面でのサポートが必要になることが多い。

集落単位で設置する場合には、維持管理の役割分担をはっきりしておく必要がある。集落全体を囲うことは、個々の農地を囲うよりも費用対効果に優れるが、広域に設置するとどうしても管理の目がゆきとどかなくなり、あちこちから侵入されるようになりやすいからである。立地条件にもよるが、被害がひどく集落内部まで深くサルに侵入されるような場合には、適切な場所を選んで広域に設置することを検討すべきだろう。なお侵入される方向が限定されていることが確実な場合には、全周を囲わずコの字型に設置することも可能である。

電気柵をもっとも効果的なものにするには、農地や果樹園の周りに幅数メートルの軽トラックが入れる程度の作業道をつけて、それに沿って設置すればよい。維持管理のための見回り、補修、草刈りなどがとてもやりやすくなるだけでなく、周囲の樹木からの跳び込み防止にもなる。実際、九州にある柑橘系の果樹園では、この方法が実施されていると聞いたことがある。圃場整備まで視野に入れれば、被害管理はぐんとやりやすくなるという見本である。

### (2)心理的障壁の利用

心理的障壁には、音や光などで脅かす、匂いや味などで嫌悪感を与える、圃場の配置を工夫したり簡単な物理的障壁などを利用する、人やイヌなどを使って見張ったり積極的に追い払う、などの方法がある。いずれにせよ、物理的に侵入を阻止するのではなく、恐怖感や警戒心を呼び起こしたり生理的嫌悪感を与えたりして、侵入を「思いとどまらせる」障壁である。なお、恐怖感や警戒心を利用した心理的障壁の多くは、人馴れや車などの人工物に対する馴れが進むと効果が低くなるので注意が必要である。

・音や光を使った脅し道具

サルにかぎらず一般に野生動物は新しいものや状況や場所を警戒する。それは未知のものがもたらすかもしれない、自分の生命が失われるという危険性に対しての反応である。この性質を利用したものが脅し道具と呼ばれるさまざまな器具である。具体的には、音や光などを使って、動物を驚かすことによって追い払おうとするもので、物理的障壁に比べれば費用は格段に少なくてすむことが多い。この方法は、基本的には農家が自分たちの農地を守るのに利用するものである。

日本でもっともおなじみのものといえば爆音器だろう。ハイキングなどで野山を歩いていると、ときどき遠くでバーンという音が聞こえる、あれである。シカの林業被害対策としていまも用いられているが、騒音問題もあり集落周辺ではあまり使われない。鳥対策としては反射テープやコンパクトディスク、ペットボトルなどが吊り下げられることもある。サルにしか使われないものとしては、ロケット花火や爆竹が、変わったところではカニの絵や、銃声やサルの音声を流す器械などがある（図6-10）。

図 6-10　音や光などを使った，いろいろな脅し道具（イラスト：揚妻［柳原］芳美）．効果の確かめられているものは少ない．

こういった脅し道具は、当然のことだが動物が恐怖感や警戒心を持ってくれないと効果がない。まったくはじめて出会ったものに対しては、どんな動物でもかならず警戒してくれるので、最初はある程度効果があることが多い。だが、音や光のほかに何も起こらなければやがてサルは無視するようになる。サルの視覚はヒトとほとんどかわらない特性をもっており、脅し道具にたとえ多少動きがあっても、相手が生き物かどうか、こちらに危害を与えそうかどうかといったことを簡単に見分けてしまう。爆音器などは、数メートル先で大きな音が鳴っても平気な顔をして作物を食べ続けるようになるし、サルの警戒音声やディストレスコール（動物が苦痛を感じたときに出す声）を流しても、周りを見て安全なことを確めると気にしなくなる（図6－11）。

ロケット花火や爆竹は、農地に出てきたサルに直接向けられるものである。ロケット花火は、サルが「自分に向けられた」と感じたり、実際に花火が当たったりすればある程度効果が期待できるが、飛ぶ方向が違えばほとんど気にしない。奈良県猿害対策チームでは塩ビ管を利用した道具（通称「ひとしくん」）を開発し、追い払いに使っている。三〇メートル程度なら狙った方向にまっすぐ飛んでくれるので、追い払い効果が高いようだ。爆竹は音だけなので、ほとんど効果は期待できない。

霊長類が恐れる動物として知られているものに、ヘビや猛禽類がある。実際に野生のニホンザルはヘビをみると警戒するが、ヤクシマザルがヘビを捕食した例もあるため、地域差や個体差もあるのだろう。猛禽類に関しては、サルが捕食されたという報告もあるし、警戒することも観察されている。これらの動物種の模型を利用した防除はまだ試みられたことはないが、やってみる価値はあるかもし

図 6-11　音や光などを使った脅し道具のほとんどは，馴れるにつれ効果がなくなる．とくに音を使ったものは，馴れるのが早いようだ（イラスト：揚妻［柳原］芳美）．

れない。

このような脅し道具の最大の問題は「馴れ」である。すでに繰り返し述べているように、見せたり聞かせたりするものへの馴れが進んだり、それが安全だということを学習したりすれば効果は低くなってしまう。シカなどを対象にした研究では、ここで紹介した方法の多くは数日からせいぜい数週間しか効果が持続しないといわれている。恐怖感や警戒心などを利用した脅し道具は、実際に痛みや恐怖感を味わない限りすぐに馴れてしまうらしい。被害を出さないためには、作物を守りたい期間に馴れが進まないような工夫がいるのである。

馴れを防ぐには、刺激の強度や種類を変える、刺激を提示する頻度やタイミングを変える、刺激を組み合わせて、提示する頻度や順序、あるいは組み合わせを変える、刺激の位置を変えたり動きを加えたりする、生得的に忌避行動を引き起こすような刺激を使う、不快な経験や脅威と特定の刺激を組み合わせる、といったことが考えられる。音を例にとれば、音の大きさや高さを変える、聞かせる間隔やタイミングを変える、違う音を組み合わせたり順序を変えたりするといった工夫が必要である。また、周りが見えないような状況でサルに音を聞かせると、何が起こっているのかすぐに確認できなくなるので警戒する可能性がある。

たとえばシカでは等間隔で爆音器を鳴らした場合には数日で馴れたのに対し、センサーを使って侵入にあわせて鳴らした場合には馴れるのに最長八週間かかったという報告がある。既存の技術を最大限に活用するためには、どのような条件で馴れが起こりにくくなるのかを詳細に検討することが必要だろう。

いまのところこういった脅し道具は、基本的にはごく短期間しか効かないと割り切って使うべきである。もちろん前述したようなさまざまな工夫をすれば、効果の持続時間を延ばすことは可能かもしれないのでやってみる価値はあるが、確実な効果をいますぐ得られるとはかぎらない。とくに人馴れが進んで集落に頻繁に出てきているようなサルはさまざまな刺激に出会っているので、すぐに効果がなくなってしまう可能性が高い。確実に被害を防ぎたいのなら、別の方法と併用するべきである。

・音や味、匂いなどで嫌悪感を与える

動物に嫌悪感を与えるものとして昔から注目されているものに超音波がある。超音波はヒトの可聴域を越える二〇キロヘルツ以上の周波数をもつ音である(ただしサルは二〇キロヘルツ付近までは十分聞こえる)。超音波には可聴域の音とは異なる、回避行動を引き起こす特殊な性質があると一般に考えられているが、残念ながらそのような科学的証拠はいまのところまったくない。かりに効果があるとしても、超音波はその物理特性上照射できる角度が狭く減衰率が大きいため有効範囲が限られている。そのため、広範囲に広がる農地に利用できる可能性は小さい。ちなみに最近日本で行なわれた研究によると、やはり回避行動は引き起こさないという結果だった。

ヒトでは、ガラスを引っかいたときに出る音のように、生理的な不快感や嫌悪感を引き起こすような音の研究が行なわれているが、不快感が起こる原因やメカニズムについてはまだほとんどわかっていない。霊長類については、現在までのところそのような音の存在は確認されていないが、検討する価値はあるかもしれない。

実はわたし自身、このような音が最初は使えるのではないかとかなり期待していた。ところが実際に音をテープに録音してから再生してみると、あまり不快に感じられなくなってしまった。もちろんサルに聞かせてもまったく平気だった。高い周波数の音も正確に再現できるようなもっと高価な録音機器を使えば結果は違うのかもしれないが、あまりにも期待はずれだっただけに、「もうちょっとやってみようか」という気になれずに棚上げ状態になってしまっている。

味覚や嗅覚を利用した方法といえば忌避剤があげられる。忌避剤はシカの林業被害対策に使われてきたが、効果の持続性などの問題が指摘されている。また、林地ではともかく、消費者の口に入る農作物に直接散布するのには問題がある場合が多いだろう。直接散布しない方法として農地の周囲に撒いて匂いで忌避させるという方法もある。匂いを利用した特殊な忌避剤としては、捕食者であるボブキャットやコヨーテなど食肉類の尿があるが、日本には生息していない動物であり、ニホンザルに効果があるかどうかは確められていない。

わたし自身がいま取り組んでいるのは、ある特定の農作物を嫌いになるような学習をサルにさせることによって、その農作物への被害を軽減しようとする方法である。この方法は嫌悪条件づけ（CTA: Conditioned Taste Aversion）と呼ばれている。具体的には、対象となる食物を食べさせたあとに生理的不快感や嘔吐感を催す薬品を投与し、その食物を食べると気持ち悪くなるということを覚えさせるのである。一般の学習と違ってわずか一回の経験でも学習が成立する場合がある、食物摂取から生理的に不快な経験までの時間が比較的長くても学習が成立する、ふだん食べなれているものについては学習が成立しにくく消去されやすいなどの特徴がある。特殊な学習ということで、ラットなどを使って脳生理学的な手法を用いた学習メカニズムの研究が行なわれているが、サルではまだほとんど研究されていない。

嫌悪条件づけはこれまでさまざまな種に対して試みられてきたが、実用化されているのは、家畜が毒性のある植物を食べないようにする方法だけである。残念ながら、野生動物に対しては成功例はほとんど報告されていない。使用されている薬品にもさまざまなものがあり、種によって効果が異なることがわかっている。

野外での大規模な実施例としては、コヨーテによるヒツジの捕食被害を軽減しようとした試みがある。三年後の評価では効果があったと報告されたが、十年以上たって調査したところ、この計画に参加した農家のほとんどが、効果がないと判断してやめてしまっていた。失敗の原因としては学習させる手順がうまくゆかなかったことが指摘されているが、現在でもその成否を巡って研究者間で論争が続いている。

ニホンザルを使った実験は約二十年前にすでに行なわれている。そのときは塩化リチウムという嫌悪条件づけによく使われる薬品を腹腔内に注射して、嫌悪条件づけの形成に成功している。ただし野外では注射による投与は現実的ではないため、経口で投与しないといけないのだが、そのためには食べ物にまぜるなどの工夫をしなければいけない。塩化リチウムには刺激の強い特有の味がありサルに気づかれる可能性が高いので経口で投与することは難しい。そこで、同様の効果を持ちながら味や匂いが強くない薬品を探すことが必要になる。

というわけで、実用化に向けた薬品探しからはじめることになった。いま候補として考えているのは、ラットや鳥の嫌悪条件づけの研究に利用されている桂皮酸アミドである。この薬品は匂いや味がほとんどないし、植物に広く含まれる二次化合物なので環境への影響も少ない。現在、霊長類研究所遺伝子情報分野の浅岡一雄さんと排出にかかる時間の測定や適切な投与量の推定などの基礎的な研究を行なっている。これまでのところ、注射による皮下投与では最長数ヵ月程度嫌悪条件づけの効果が持続することが確認されているが、経口投与の方法などについては、まだまだ準備段階である。

結論からいえば、この方法による被害防除はまだほとんど進んでいないといえるだろう。嫌悪条件づけについては海外でも試みられているが、個人的にはまだまだ実用には程遠いように感じている。したがって、現段階で利用可能なものはないというしかない。

・圃場の配置などを工夫する

ほかの野生動物と同様、サルも自分たちが安全だと思っている森林から離れることを嫌う。わたしの数少ない経験では、どんなに人馴れしていても、飼育されていたサルでない限り、林や構造物などの安全な場所から二〇〇メートル以上離れた平地に出てくることはほとんどない（図6-12）。アフリ

図 6-12　安全な場所から離れれば離れるほどサルは不安を感じる．人馴れが進むと，あまり不安を感じなくなるので，その分動き回れる範囲が広がる（イラスト：揚妻［柳原］芳美）．

カで害獣として嫌われているヒヒやグエノンなども、林縁から二〇〇メートルを越えるところにある農地の作物を荒らすことはほとんどないことがわかっている。すぐに走って逃げ帰れると彼らが考えている距離はそのくらいなのだろう。言いかえれば、その距離を越えたところにある農地が荒される心配はほとんどないのである。

このようなサルの性質を利用すれば、効果的に被害を軽減することができる（図6-13）。たとえば、耕作中の田畑は林から遠いところに集めて、休耕田などを林の近くにできるだけ配置するだけで、あまり人馴れしていないサルにとっては越えにくい心理的障壁になる。人馴れの進んでいるサルにとっては、五〇メートルぐらいの距離は障壁にならないので、林から少し距離のあるところに猿落君のような越えにくい柵を直線状に設置するのもよいだろう。柵のところにイヌをつないでおいたり、柵を越えたら逃げ道を遮断するようにして追い払って恐怖感を与えるのも一つの方法である。また、林縁周辺には農

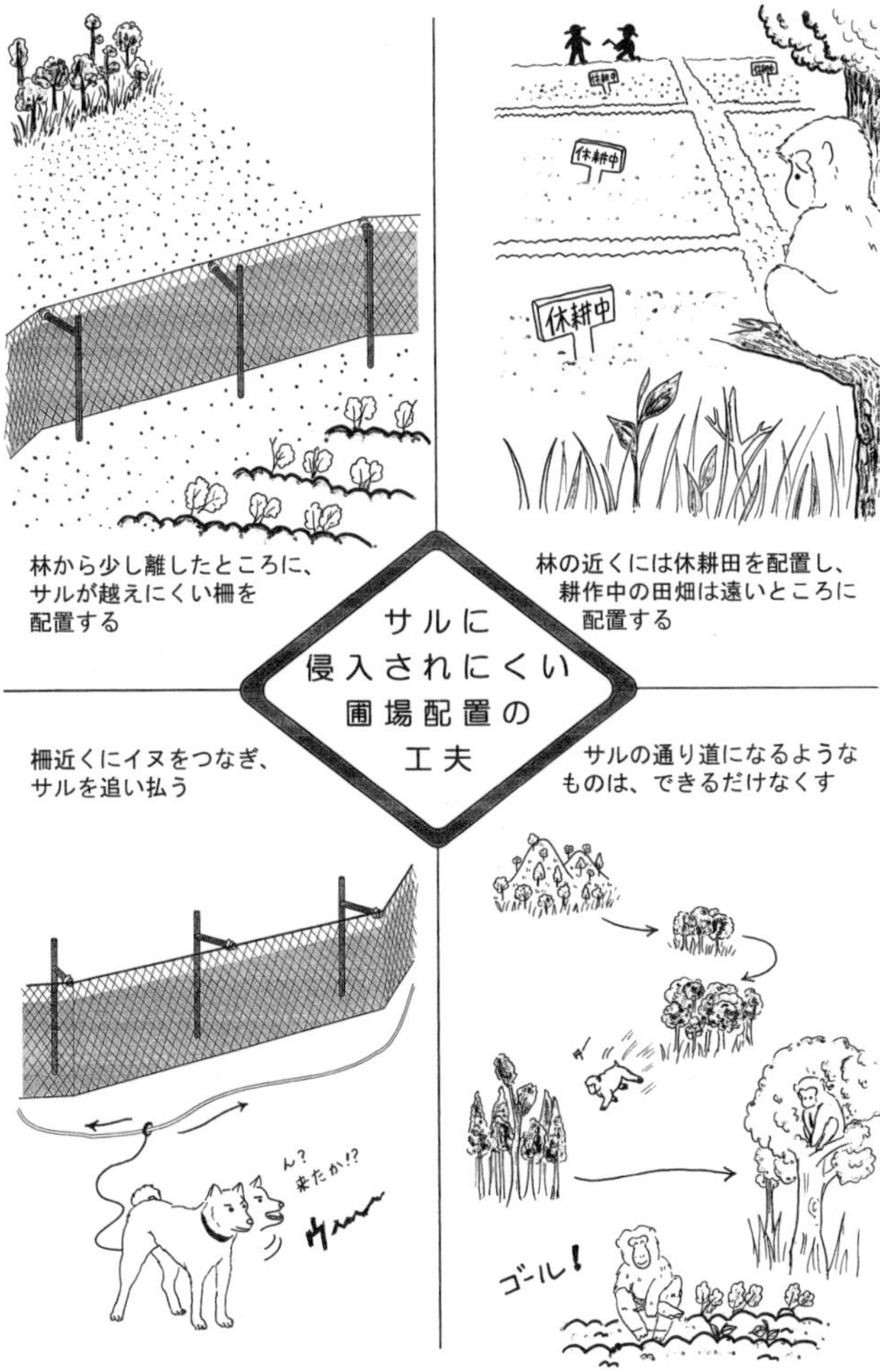


図 6-13　サルに侵入されにくい圃場配置の例（イラスト：揚妻［柳原］芳美）．物理的障壁と心理的障壁を併用すれば，費用や労力をあまりかけずに被害を防ぐことができる．

地以外の別の用途の土地を配置するというのもよいかもしれない。放牧地を利用して被害を防止する研究は、すでに滋賀県農業試験場湖北分場で試みられはじめている。

ただしここでお断りしておかないといけないのだが、実はこれらの方法は、まだほとんど実証されていない。実際のところ、日本では山際にまで農地が広がっているため、林縁から五〇メートルも農地を離すことはほとんど不可能な地域も多い。地域によっては作付けを止めた田畑にあらたにスギやヒノキを植林をしているため、サルの隠れ場所である森林が集落にごく近いところまで広がっていることがある。土地を遊ばせるよりは将来のために植林をという事情はよくわかるのだが、結果的にサルやそのほかの野生動物の被害が発生しやすい条件を作ってしまっている。

圃場の配置などの工夫は個々の農家でもできるが、集落全体で取り組めばより効率的になる。とくに、休耕田を林縁付近に集めるには、その周辺で田をもっている人たちの協力が必要になる場合が多いだろう。長所は、柵などを作らなければ労力や経費がかからないことである。短所は、実施できる場所が限られること、そして何よりまだ実証的な資料がほとんどなく効果が未知数に近いことである。

この方法のバリエーションとして、群れの移動ルート上にある小さな林などを除去したり、ルートそのものを物理的障壁で遮断したりする方法がある（図6－13）。被害の発生する農地が行動域の端に位置していて、そこへの移動ルートが限定されている場合には効果が期待できるが、別のルートを開拓される可能性が低いことが条件になる。

・人やイヌによる見張りや追い払い

農作物を守る方法としてもっとも古くから行なわれているのがこの方法である。時間と労力はかかるがもっとも確実な方法であり、サルを農地や集落に居着かせないための基本的な方法でもある。ただ最近は、追い払うのがむずかしい状況も出てきている。数十年前までは、人が農地にいればそれだけでサルは出てこなかった。それはサルが人に対して強い警戒心を持っていたからである。いまは、人が見張っていても少し距離があいていれば平気で田畑に入ってくるサルさえいる。竿などをもっていても、届かない範囲をすぐに覚えてしまう。サルの人馴れが進めば進むほど、追い払うのは難しくなる。

わたし自身調査中に、人馴れの進んだ集団を相手にするには一人ではだめだと感じたことがある。集団が潜んでいる林に対峙する形で、畑に入ろうとするサルを追い払っていたのだが、とにかく侵入を防ぎきれないのだ。一頭が林から現われてほんの十メートルぐらい先から畑に入ろうとするので、追い払うためにそちらに歩き出して石を投げようと身構えると、その隙に反対側から数頭が音もなく畑に走りこむ。あわてて振り向いてそちらに近づくと、先に追い払ったやつがすぐ戻ってくるという感じで、まったくお手上げだった。ここまで人馴れが進んでしまうと、少人数で見張りをしているだけでは防ぎきれないだろう。

少人数で追い払うのが難しい場合には、イヌを利用したりロケット花火を使ったりするのが効果的である。ただし、猟犬など獲物を追うようにある程度訓練されたイヌを使わないと、思うようにサルを追ってくれない。人がいないときには、田畑のそばにイヌをつないでおくのも一つの方法である。ただし、サルは最初は怖がって寄ってこないが、つながれているのがわかると安心して出てくるようになる。そのような場合は、鎖をいつもより長くしておいたり、放しておいたりして、たまにイヌが実際にサルを追えるようにしておくと、サルはどういうときにイヌに追われるのか判断できなくなるので、警戒してなかなか近づかないようになる。

イヌにサルを追わせるというのは、実際にはなかなかうまくゆかないようだ。夢中になって追いかけているうちに迷子になったり戻ってこなかったりすることもあるそうなので、せいぜい集落周辺で見張りをさせるのがよいのかもしれない。ただ、サルに馴れてしまうイヌも多く、人が近づくとワンワンうるさく吠えるのに、サルが現われても平然としている光景をよく見かける。中にはサルと仲良くなってしまって、尻尾を振っているイヌもある。イヌに見張りをさせるには、それなりの訓練が必要と言えるだろう。

集落に出没するサルに電波発信器をつけて、サルが近くにくればわかるようにする方法は接近警報システムと呼ばれているが、これを使うと見張りや追い払いが効率的にできる。この方法は、実際にサルが脅威を感じるようなもの（たとえば猟友会に協力してもらって威嚇射撃をしてもらうなど）と追い払うことを組み合わせると効果があがるだろう。そのとき特定の目印（たとえば黄色いジャンパーとか帽子とか）と脅威と感じるものとをいつも組み合わせてサルに見せるようにすると、その目印を見ただけでサルが警戒するようになるかもしれない。また、いつ集落にいっても必ず追い払われるということをサルに覚えさせると効果的である。神奈川県や三重県などの一部の地域では、サルが行動域を変化させるなどの効果があったことが報告されている。

見張りや追い払いは、集落全体で取り組むほうが効果が上がる。とくに接近警報システムで実効性をあげるには、行政とも連携して近隣集落間で協力体制を作ったほうがよい。一つの集落で追い払えても隣の集落によく出るようになってしまえば、あまりうまくいったとはいえなくなる。地域全体で押し上げるという体制が望ましい。

農地や集落をサルにとって居心地のよくないところにするには、結局人やイヌがサルを追い払うということを地道にやり続けるしかない。集落からサルを排除したいのなら、休耕地や田んぼの畦でサルが食べているときにも、たとえ農作物に被害がなくても追い払うようにするべきである。サルに「いつ来てもこの場所は危険である」というように覚えさせることが、追い払いを効果的なものにするポイントである。

## ＜コラム6＞

### ―猿落君が教えてくれたこと―

「猿落君」とは、奈良県果樹振興センターで開発された、柔軟性のある支柱で作られた柵のことである(図6-4)。最初に井上さんからアイデアを聞かされたときは、正直に言って「あかんやろなー」と思っていた。なんせ相手は百戦錬磨のサルである。少々入りづらくても、何度かトライするうちに入るに決まっている。構造だけ考えれば入れないはずがないからだ。

実際、はじめて設置した頃は結構入られたらしいのだが、えらかったのはここであきらめずに改良を重ねたことである。とくに、ひさし付の猿落君というアイデアは、秀逸としか言いようがない。やっと跳び越えられると思ったらもう一つ向こうにネットが立ち上がるなんて、サルもびっくりしたに違いない。このひさし付タイプは、大きなサルに偶然破られることはあるものの、好成績を残していると聞いている。

この成功を聞いて、少し考えさせられたことがある。それは、侵入防止効率の高さと被害が発生する可能性との関係、つまりどのくらい入れなければサルはあきらめるのかということだ。それまでは、柵を作ったらそれに対してサルが入るか入らないかしかないと、勝手に思い込んでいた。言いかえれば、効果のある柵と効果のない柵の二種類しかないと思っていたのだ。でもよく考えれば、身体の小さいものもいれば大きいものもいる。一回入れなければあきらめるものもいるだろうし、しつこい奴もいるだろう。もしそうなら、必ずしも完璧な柵でなくても、入れなくなる奴は結構いるんではないだろうか。十頭いるうちの九頭が入れれば、そのあともずっとやってくるだろうが、三頭までしか入れなければそのうち集団で来るのはあきらめるかもしれない。それなら、あまり効果がなくてもめげずにやり続ける価値はあるだろう。

被害防止に取り組んでいると、とかく百パーセントを期待しがちである。だが、五〇パーセントでも継続することによって被害を止められる可能性がある。猿落君は、そのことを明確に示してくれたと思う。

# 第七章◎行政レベルの被害管理

## 1 行政レベルの被害管理

ここまではおもに農家や地域が自分たちで取り組むための方法について説明してきた。ここからは、行政機関が被害管理に取り組むにはどうしたらよいか、ということを中心に話を進めたいと思う。一口に行政機関といっても、国と都道府県と市町村ではずいぶんできることが違うので、ここでは基本的に都道府県レベルに焦点を当てている。なぜかといえば、野生鳥獣の保護・管理において中心的な役割を果たすのは、都道府県だからである。

行政レベルで取り組むべきことには、大きく分けて三つのことがある。まず一つめは、農家や地域が実施する被害管理に対するサポート、二つめは野生動物の生息環境の整備、三つめは地域個体群の保全を視野にいれた個体数管理である。このうち二つめと三つめは、野生動物の保護・管理そのものに深くかかわる部分だが、ここでは被害管理に関連することを中心に話を進めることにする。

## 2 農家や地域による被害管理に対するサポート

第五章で述べたように、被害管理の主役は農家や地域である。被害防止のための知識や技術が広く普及していれば、農家や地域がその気になればサルは撃退できる。だが現実には、サルに攻め込まれてお手上げ状態のところが多い。そうなってしまういちばんの理由は、被害防止のための知識や技術を普及したり、必要に応じて援助したりするシステムがないからである。もちろんそれ以前に、普及すべき知識や技術がサポート役の行政機関に蓄積されていないという問題もあるが、それについてはいまからでもしっかり取り組めば克服できると思う。むしろ、そういったことが必要だという発想を行政がもってこなかったことが問題なのだ。

農家は農作物を作る専門家である。農作物を作るときに支障になるような病害虫なら、いろんな手段を駆使して発生を抑えることができる。そのための知識や技術は、農業関係の新聞、雑誌、役場の広報、講習会、農業普及所からのお知らせなど、さまざまなメディアを通じて、滝のように農家に流れ込んでいる。だから、いつでも情報は利用可能だし、一つ機会を逃しても別の機会がすぐ訪れるようになっている。もし馴染みのない病害虫が発生したら、農業改良普及員や県の農業関係の試験研究機関などに問い合わせて対策を考えてもらって、それを勉強して実行する。そういった体制がすでにできあがっているのだ。

ではサルやシカなどの野生動物による被害はどうだろう。残念ながら農家がすぐ利用可能な情報はそれほど多くない。たまに雑誌などで特集が組まれることはあっても、いつも利用できるような情報拠点もないし、ときたま流れる情報も玉石混交、使いものになるものとならないものが混在している。頼みの農業改良普及員や農業関係の試験研究機関も、サルなど野生動物の被害に関しては知識や技術のないことが多い。これでは、対策を立てようにも立てられないというのが現状だろう。現在被害対策として行なわれている有害駆除はいわば他人任せの対策であり、農家自身が主体的に取り組めるようなものではない。いつのまにか「サルの被害は、自分たちではどうにもならないもの」という意識が広がってしまったのも、しかたがないだろう。

でも「サルの被害は防げない」というのは幻想である。確かに病虫害とは少し勝手が違うかもしれないが、サルにも弱点はある。サルには何ができるのか。サルが来る原因は何か。被害を防ぐ方法にはどんなものがあるか。それさえきちんとわかってもらえれば、サルの被害は防げる。問題は、農家や地域がサルの被害に立ち向かおうとしても、それをサポートする体制が行政側にないことにある。

何度も登場してもらって恐縮だが、奈良県猿害対策チームでは、まずニホンザルと被害防止についての正しい知識と技術を身につけてもらうための情報拠点をつくるところからはじめた。拠点となった果樹振興センターには、防除技術を習得してもらうための展示場を作り、さまざまな柵の作り方を展示しロケット花火発射機「ひとしくん」の試射場などを作った。瞠目すべきことは、サルに強い農業の見本として、イチゴのツルの這わせ方、スイカやカボチャの仕立て方、守りやすい背の低い果樹の作り方、ゴミの捨て方までわかりやすく展示してあることだ。ここへ来れば、具体的に何から取り組めばよいかが一目でわかるようになっている。他府県にも同じような情報拠点があれば、農家や地域による被害対策はもっと進むことは間違いないだろう。

なぜほかの県ではこうゆかないのか。そこには行政上の問題がある。

鳥獣行政は林業関係部局の守備範囲である。理由は簡単、野生鳥獣は山に棲んでいるからだ。だからこれまでは、シカやサルが被害を出したら、実際に被害の発生している場所がどこであろうと基本的に林業関係の部局や試験研究機関が対応してきた。ほとんどの都道府県の農業部局や試験研究機関は、たとえ農地で被害が発生していても、その対策について積極的にかかわろうとしてこなかった。ここにも近年よく指摘されている縦割り行政の弊害が現れているわけだが、このことが結果的には農業被害の拡大と対応の遅れを招いたことは言を俟たないだろう。

林業関係の試験研究機関が何もしてこなかったわけではない。都府県によっては、とても熱心に野生動物による被害問題に取り組み、さまざまな研究成果を上げてきたところもある。なのに被害が軽減に向かわなかったのはなぜか。それは、林業試験研究機関が農家に向けて情報発信するための拠点やルートをもっていなかったからではないかと思う。もう一つは、何をすべきかという対策の中に「農業」という視点がなかったことだろう。

奈良県猿害対策チームでは「サルに強い農業」をキャッチフレーズに、サルの被害を受けにくい野菜の栽培方法や、サルから守りやすい樹高の低い果樹などの品種改良に取り組んでいる。農家の最終目的は、サルの被害を防ぐことではなく作りたい作物を収穫することにある。ならば、「被害を減らすためにこうしよう」というより「収穫するためにこうしよう」という呼びかけのほうが、はるかに農家の意欲を引き出すことができる。コロンブスの卵のようだが、これを聞いたとき、野生動物にだけ目を向けて被害対策を考えている自分にはまったく出てこない発想だと感じた。これはたぶん、都府県の林業試験研究機関の研究者にとっても同じことだろう。農業を専門分野にしているからこそ、農家に具体的に提案できるアイデアが生まれるのだ。こういった技術開発とその普及は、これから行政が取り組むべき最重要課題である。

幸いなことに、ごく最近になってようやく国や都道府県の農業部局が野生鳥獣の被害問題に積極的にかかわりはじめた。被害問題に対する知識や技術の蓄積はまだ林業部局に一日の長があるが、農業部局には農家に密着して対策を展開できる強みがある。これまで林業部局が蓄積してきたものを生かして、農業部局でもぜひ知識や技術の普及に力を注いでほしいと思う。都道府県によって行政組織の形態や連携の強さは異なるため、具体的にどのような形で普及を進めるかは状況に応じて工夫すればよいだろう。

農家や地域による被害管理に対するサポートとして、もう一つ忘れてはならないことがある。それは、資金面の援助にかかわる部分だ。効率的に被害対策を行なうには、状況に応じてもっとも効果的な被害防止技術を選択し、それに対して必要なサポートをすることがポイントとなる。これまでのように、資金だけ提供して知識や技術のサポートはないというのではほとんど意味がない。その場所に必要な技術は何か、そのためにはどのくらいの資金が必要かということを明確にして、知識や技術を伴った援助をしてこそ資金面の援助というのは効果を発揮する。それをするのもまた、行政の役割である。

被害対策への資金的援助は、農家の経済的活動に対する補助ではないかという批判がある。確かにそういう一面があるのは否定できないが、わたしは被害管理というのは、農家を守るために行なうのではなく、国民の共有財産としての野生動物の保護と管理のために行なうものだと思う。野生動物と人間との軋轢が深まれば野生動物の存続そのものが危うくなり、それは国民の共有財産の喪失につながる。軋轢の発生を抑えて共存を図るのは野生動物の管理者である行政の役目であり、そのために行なう被害管理の施策の一つが農地や集落で行なう被害対策であると考えれば、農村地域以外の人たちにも理解を得やすいのではないだろうか。

## 3　農業政策としての農地周辺環境の整備

行政レベルでしか取り組めない代表的なものとして、開発等の大規模な環境改変がある。農村地域でも、圃場整備や広域農道計画などによって農地周辺の環境が大幅に改変されることがある。最近は農業地域などの二次的な生態系の重要性が指摘されるようになり、以前よりは生物相に与えるインパクトを軽減するような処置がとられているようだが、それでも短期的な設置コストや農作業効率がもっとも重要視されているのではないかと思う。これはこれで一つの考え方だが、長期的な総合的費用対効果を考えればほかに選択肢もありえるだろう。

たとえば作業道を設置する場合、設置の距離や費用だけを考えれば中央に一本道をつけるのが一番短くてすむ（図7-1）。だが、被害管理を考えればこれは最悪の選択になる。林縁に接する部分が広範囲になるため、野生動物の被害が大きくなることが予想されるからだ。もし、野生動物による被害を防ぐこと（その長期的な経済的・精神的コストを少しでも抑えること）を重要視するなら、多少費用は多くかかっても圃場を取り囲むようにしてある程度の幅をもった作業道を設置したほうがよい。できれば一定間隔で支柱が立てられるような穴などを圃場側にあらかじめ作ったほうが、電気柵などの設置や

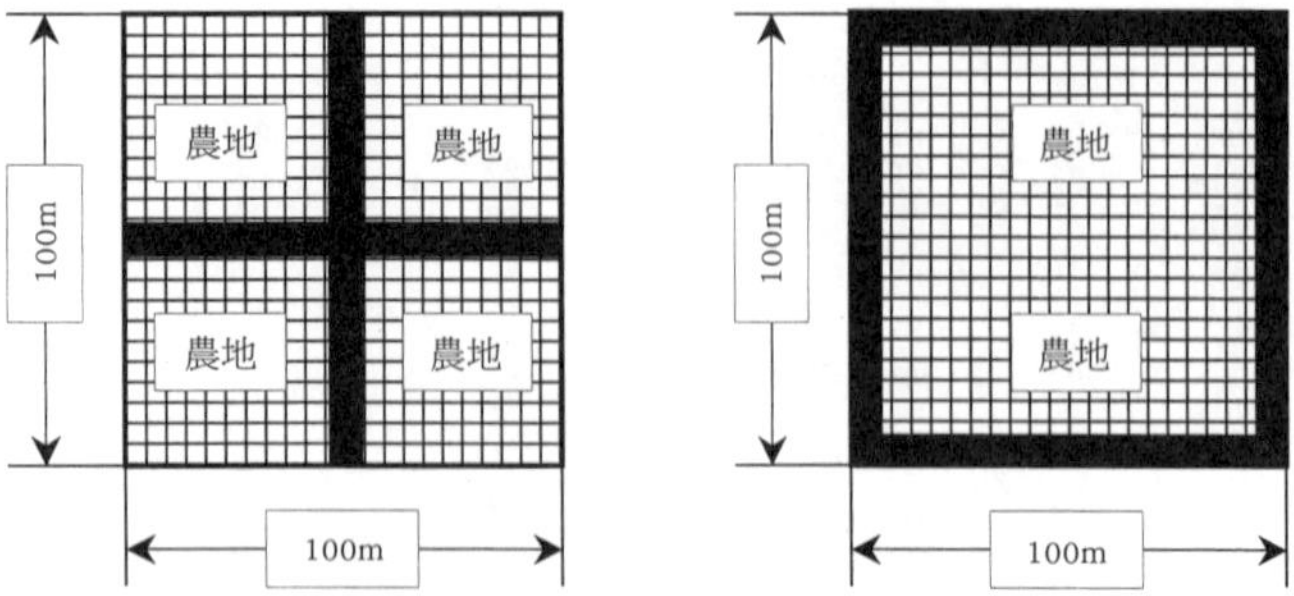


図 7-1　効果的に被害管理を進めるための作業道の設置例．左側は設置費用は安価だが被害を防ぎにくい例で，右側は設置費用はかかるが被害を防ぎやすい例．両者とも農道から一番遠い距離は 50 m．左側なら農道の長さは 200 m ですむ反面，周りからの動物の侵入を防ぐために柵を設置するのは，状況にもよるがかなり難しい．右側なら農道の長さは 400 m 必要だが，柵の設置や維持管理はとても楽になる．

維持管理の手間がぐっと少なくなり被害軽減の効率も上がる。こういった農地周辺の環境整備こそが野生動物の被害に強い農地を作るのに最適な機会なのに、行政部局間の連携がないためにみすみす機会を逃してしまっているのは残念としかいいようがない。莫大な費用をかけて行なう工事なら、ぜひ長期的な視野に立って、部局間で連携しながらさまざまな側面から総合的な費用対効果を検討してもらいたいと思う。

少し視点はずれるが、長期的なコストといえば、減反政策による休耕地の拡大や大豆やムギなどの転作作物の奨励もサルによる被害の増加を招いている。休耕地には春になるとレンゲなどが咲き乱れてのどかな風景が広がるが、そこはサルにとってはだれにも怒られない絶好の採食場所になる。また地域にもよるが、大豆やムギには積極的な被害対策が立てられていないことが多く、被害のひどい地域では毎日のようにサルが訪れて収穫前にほとんど食べ尽くされてしまったりする。また収穫を放棄された大豆は冬のあいだずっとサルたちの貴重な食料源になるため、結果的にサルの栄養状態を下支えする要因にもなっている。ある農業政策が予期せぬ悪影響を及ぼす場合もあることを、行政はもっと認識すべきだろう。

## 4　野生動物の生息環境整備

被害管理のオプションとしての野生動物の生息環境整備には、二つの目的がある。一つは、野生動物にとっての採食場所としての価値を高めること。もう一つは、野生動物の本来の生息地としての機能を回復して、彼らが戻るべき生息場所を確保することである。この二つはいずれも行政にしかできないことであり、とくに自然保護と林業や地域開発などの経済的行為との擦りあわせが必要な部分では、部局間の連携が重要となる。

一つめの目的は、第四章や第五章で説明したことの延長線上にある。ニホンザルが農地や集落を採食場所として選択することによって被害が発生しているのだから、森を実り豊かなものに変えることによって、農地や集落の採食場所としての相対的な価値を下げて、被害を減らそうというわけである。

山の実りの豊凶が被害の発生程度に影響するということは、逸話としてはよく聞く話だ。実際わたしの調査地だった三重県中部の大宮町や南島町でも、被害がかなり少なくなったといわれた年がある。その年はシイやカシなどの堅果類が大豊作で、山に入ると風が吹くたびに大量のドングリがバラバラと音を立てて落ちていた。結局その年は春先まで地表にドングリの落果があり、サルが手で落ち葉をかき分けながら実を探していたのを覚えている。山の実りが豊かなだけで被害が減るというのは話には聞いていたが、「そういうこともあるんや」と実感したのはそのときがはじめてだった。

ただしこの話には補足が必要である。別の機会に三重県北部の員弁町や北勢町で調査したときに聞いてみたら、「うちはその年も同じくらい被害が出たなぁ」という答えが返ってきた。このあたりは三重県でも有数の激害地なのだが、ここでは果実の豊凶に関係なく被害はあるというのだ。ちゃんとしたデータをとっているわけではないので断言はできないが、農作物への依存度がある程度高くなると、少々山の実りがよくても被害の発生に大きな影響が出ないのだろう。

ここで、第四章で説明した図4-2を思い出してほしい。農作物への依存度$k$が高くなると、農作物の相対的な価値が少々変化しても閾値を越えることはなくなる。つまりこのモデルでは、山の実りの豊かさが大きく影響するのは、農作物への依存度$k$がある程度小さい場合に限られる。このようなモデルにしたのは、じつはこのときの経験があったからである。

少し以前になるが、生息環境整備のアイデアとして「野猿の郷」構想というのがあった。これは、山にサルの食物になるような樹種を植えて、サルを山に引き戻そうという計画である。全国各地に同じような計画が作られたが、残念なことにどれも成功しなかったようだ。その理由の一つは、設定された面積がサルの生息に必要なものとしてはあまりにも狭かったことである。だが、推測にすぎないが、もっと大きな理由は、サルの農作物への依存度が高かったことではないかと思う。もしそうであれば、農地や集落での被害管理を並行して行なわない限り山での採食が増えることはなかっただろう。

農地や集落での被害管理は、山が豊かなほどうまくゆく可能性が高い。せっかく農地や集落で被害管理を実施しても、サルがちゃんと帰れる場所がなければ効果はなかなかあがらない。スギやヒノキの針葉樹だらけで食物が乏しければ、帰っても苦労するだけだからだ。魅力的な山であればあるほど、サルはすなおに山に帰ろうとするはずである。農地や集落から追い出されたサルの受け皿を作るという意味でも、生息環境の整備は重要なのだ。

集落に隣接するコナラ林やアカマツ林は、これまで薪炭林として利用されてきた。これらの林は、放置されるとタケ類やネザサ類が繁茂したり低木の藪になったりして、サルにとってはそれほど好適ではない環境に変化し、集落への進出を助長する要因になっている。それを防ぐためには、都市近郊で最近盛んに行なわれているような身近な自然観察活動や環境教育活動の場としての里山の再利用も、積極的に取り入れてゆくべきだろう。集落周辺の里山にサルにとって棲みやすい場所を作ることは、サルを集落に引き寄せる要因になるという危惧もあるが、優先すべきは集落以外のところに必要な生息環境を回復することである。里山での人間活動が多くなれば、それが大きな心理的障壁となって、集落への進出を制限できる可能性もある。

ニホンザルが本来もっている環境への幅広い順応性や食性の広さを考えれば、生息可能な地域は潜在的には非常に広範囲になると考えられる。ただ、生息環境と個体群パラメータなどの生態学的指標との関係についての定量的なデータは乏しい。どのような森林をつくればどの程度の個体群が維持できるのか、どの程度の森林施業なら個体群の縮小や分断を引き起こさずにすむのか、スギやヒノキの人工林の面積や配置によってサルの行動域や移動ルートがどのように変わるのか、といったことは、林業活動とサルとの共存を図ってゆくためには不可欠の情報であるが、いまのところほとんど情報がないし研究もされていない。生息地管理を実現性のあるものにするには、さまざまな基礎的データの収集に早急に取り組むべきだろう。今後伐期をむかえるスギ・ヒノキ人工林の伐採計画の中で、野生動物の営巣に重要な古木や餌となる植物を残したり、野生動物との共存が可能な新しい造林技術を開発したりすることも当面の課題となる。

生物多様性の重要性が叫ばれている今日、サルのためだけに豊かな森を作るというのはおよそ現実的ではない。今後求められるのは、これまでに失われたり損なわれたりした生物多様性の高い森林を再生し、野生動物もその一員とした生態系全体の機能を回復することだろう。これは口に出すのは簡単だが、やるのはとてつもない時間と労力とお金がかかる仕事であり、長期的視野に立った広範囲にわたる回復事業が必要になる。短期的な経済効果はなくても、現在発生している被害がなくなれば地元に対してもその恩恵は大きいだろう。

## 5　ゾーニングと被害管理

ゾーニングとは、ある地域の生態系や生物群集、あるいは地域個体群の保全を図るために保護区を設定するときに使われる考え方である。これは簡単にいえば、土地利用を段階的に制限して自然と人間の棲み分けをしましょうというアイデアである。代表的なモデルはユネスコの生物圏保存計画であり（図7－2）、実際に世界のさまざまな地域で生態系や生物群集の保全を図るために適用されている。

ユネスコの生物圏保存計画では、中心部に破壊的行為が禁止され生物群集及び生態系が厳密に保護されるコアエリアを、その外側に採集などの伝統的な人間活動やコアエリアの保全に影響を与えない活動のみを許す緩衝地帯（バッファーゾーン）を、その外側には小規模な農業や採集活動、択伐など持続的な資源利用が許される移行地帯を設ける。つまり、中心部では厳密な保全を実施し、周辺部にゆくほど規制を緩やかにするというのが基本的な構造である。

では、ニホンザルの被害管理にゾーニングは有効だろうか。確かに、被害を出さない野生群が大半をしめるような地域個体群では、ゾーニングを適用して将来的な土地利用に制限をかけて保全を図ることが可能かもしれない。ただ、被害管理が必要な地域個体群でゾーニングを実施すると、以下に述

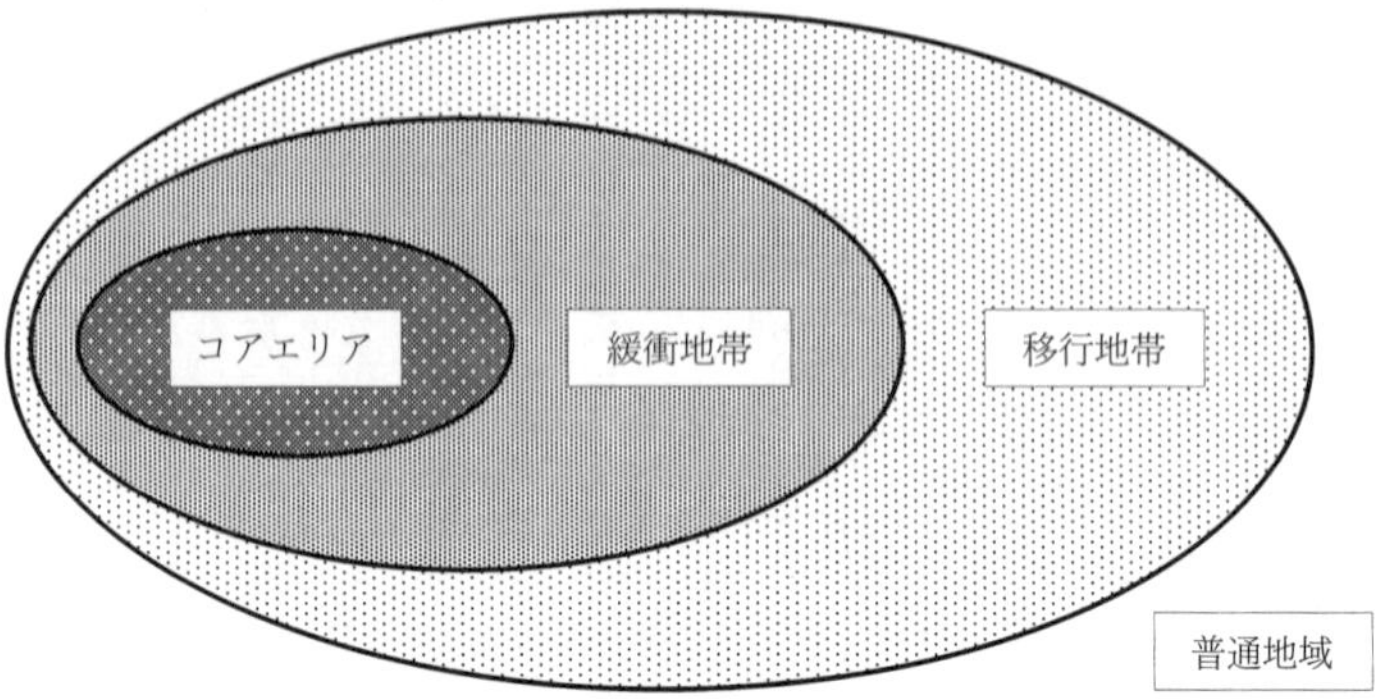


図 7-2　ユネスコの生物圏保全計画の概念図．中央に厳密に保護をする地域（コアエリア），その外側に伝統的な人間活動やモニタリングを行なう緩衝地帯（バッファーゾーン），そのさらに外側に小規模な採集や農業，持続的な発展が可能な資源利用が許される移行地帯がある．その外側は通常の経済活動が行なえる地域（普通地域）になる．

べるようなさまざまな問題が生じる。

まず一つめは、設定可能地域である。ゾーニングをする場合には、コアエリア、緩衝地帯、移行地帯という三つのエリアを設定しなければならない。コアエリアには、保全の対象となる対象動物の地域個体群が存続できる面積が必要になる。日本に生息する野生動物の多くについてはこの値はまだわかっておらず、ニホンザルもその例外ではないが、『特定鳥獣保護管理計画技術マニュアル（ニホンザル編）』を参考にして、かりに二五〇平方キロとしよう。円形とすれば半径九キロ程度になる。コアエリアの次は緩衝地帯である。緩衝地帯はコアエリアを取り巻く形で設定されるものだが、コアエリアと同程度の半径は必要になると仮定すると、コアエリアと緩衝地帯をあわせた円の半径は約一八キロ、面積は一〇〇〇平方キロである。緩衝地帯では人間の活動は認められるが、基本的に採集活動のような、生態系に大きなインパクトを与えないものだけであり、林業などの生産活動にも大きな制約が課せられる。そしてその外側に、環境を大きく改変するような人間活動（たとえばスギ・ヒノキの植林など）が認められる移行地帯が取り巻き、さらにその外に人間の生活空間がくる。

はたして日本でこれだけの範囲や面積を確保できる地域はどれだけあるだろうか。コアエリアだけを考えても、これだけの面積をほとんど人為的な活動がない場所として確保できる地域、それも人為的な攪乱がまったく入っていない原生林が残っているような地域は、日本には数えるほどしかないだろう。条件をゆるめて二次林も含んだ広葉樹林だけを考えても、連続して確保できる地域は少ないし、西日本ではさらに少なくなる。例えば日本最大の国立公園である中部山岳国立公園の総面積は一七四三平方キロだが、原則として環境改変が許可されない特別保護地区と第一種特別地域をあわせた面積は九八一平方キロにすぎない。ちなみにニホンザルの生息する本州、四国、九州で、特別保護地区と第一種特別地域を合わせた面積が二五〇平方キロを越えるのは、十和田八幡平と磐梯朝日、及び中部山岳の三公園だけである。緩衝地帯や移行地帯まで含めると、理想的なゾーニングができるところはほとんどないだろう。

二つめは、土地利用の制限方法である。一つめの問題とも密接に関係するのだが、日本では土地の所有と管理に関する法律がいくつか存在し、所轄官庁もわかれている。そのため土地利用に制限をかけようと思うと、地権者の同意だけでなく、ほかの法律による制限との調整などさまざまな手続きが必要になる。ときにはこれらのことが障害となって、ゾーニングの設定ができなかったり、実質上機能しないような設定をせざるを得ない場合もある。とくに民有林の多い西日本では、特定の地域に制限をかけるのは不可能な場合が多い。たとえば国立公園の主管当局は環境省だが、その半分以上の面積をしめる国有林は農林水産省がその目的に応じて管理することが可能である。国立公園内なのに皆伐できるところもたくさんある。

三つめは、被害軽減を実施する方法である。ゾーニングをした場合、移行地帯では野生動物を排除する方法が選択されることが多い。コアエリアや緩衝地帯に設定した地域がニホンザルの生息に適しており、それらの面積を十分確保できて、かつコアエリアで個体群増加率がプラスになっていることが確実なら、移行地帯で個体数管理を行なうことは可能かもしれない。だが、コアエリアや緩衝地帯の設定が不適切で、それらの地域で個体群が維持できないような状況下で、移行地帯で個体数管理を実施すれば、地域個体群の絶滅につながる可能性が高い。科学的知見に基づいた管理計画、とくに適切な設定と継続的なモニタリングが必要になるだろう。

おそらく日本でゾーニングを適用できる地域は、きわめて限定されるだろう。実際に設定する場合には、さらに土地の形状や面積などが問題になる。被害管理の観点からは、人間の日常生活空間に進入し定着した野生動物については原則的に排除するとしても、それ以外の棲み分けについてはあまり意義を見出せないように思う。

## 6 被害軽減を目的とした個体数管理

最後に、被害軽減を目的として野生動物に対して行なわれるもっとも一般的な方法である、個体数管理（個体数調整）について触れておこう。この方法は、被害発生が許容範囲におさまるような目標水準を定め、その水準を上回る場合には駆除や狩猟によって個体数を減少させることによって被害軽減を図り、その水準を下回るような場合には狩猟や駆除に制限をかけることによって個体群の維持と回復を図るものである。

これまで、野生動物の被害に対する対策として日本でもっともふつうに行なわれてきたのは有害鳥獣駆除制度による捕殺である。これは、被害発生を確認（あるいは予察）した時点で、許可権限をもった行政機関（現在は都道府県あるいは市町村）が、捕獲許可を与える制度である。この制度では、許可を与える規準はあくまで被害発生の有無と程度だけであり、当該地域に生息する個体群の状況の把握などの地域個体群保全のために必要な情報の収集や捕獲の影響評価などはほとんど考慮されていない（ただし、二〇〇二年度からはじまった第九次鳥獣保護事業計画の基準には、生息数や生息密度の推定に関する文言が若干盛り込まれている）。そのため、駆除の有無や規模が被害軽減にどの程度効果があったのか、信頼できる情報はほとんど蓄積されてこなかった。

一九九九年に行なわれた鳥獣保護法の改正において、地域個体群の保全と農林業被害の軽減を目的として、科学的な順応的管理（Adaptive Management）を目指した特定鳥獣保護管理計画制度が作られた。この制度では、個体群の生息状況調査や被害実態調査の実施、科学的な資料にもとづいた計画、関係者間の合意形成、モニタリングによる情報収集、実施された計画の科学的な評価、次の計画へのフィードバックなどを主要な柱としている。日本では北海道のエゾシカの個体数管理が有名だが、これは特定鳥獣保護管理計画制度に先立って作られたものであり、長期間にわたる基礎的な資料の積み重ねと綿密な計画にもとづいた模範とすべき例といえる。この制度の対象となっている野生動物はいまのところシカ、クマ、イノシシ、サルの四種で、シカとクマについては先行しているものの、サルについて計画が立てられたのは平成十四年度現在で二県（石川県と滋賀県）だけである。

ところで、そもそもなぜ野生動物の個体数を減らして被害軽減を図ろうとするのか。それは、被害を出す野生動物の多さと被害の程度との間に正の相関があり、個体数が少なくなれば被害は軽減すると一般に信じられているからである。この考え方は、野生動物管理では暗黙の前提となっていて、現在全国各地で行なわれているシカに対する個体数管理はまさしくこの考え方にもとづいている。

ただ驚くべきことに、被害を出す野生動物の多さと被害程度の関係を厳密に検証した研究はとても少ない。これまで、数理モデルによる予測とそれを検証するための実証的な研究がさまざまな種を対象として行なわれているが、野生動物の個体密度と被害程度の間に直線的な関係が見られることは少なく、むしろ非直線的な関係を示すものが多いといわれている。

確かに、個体数がゼロに近くなれば被害はほとんどなくなることはだれにでもわかる。しかし、被害の発生と個体数（あるいは個体密度）との間には、直線的な関係以外にさまざまな関係が想定できる（図7-3）。たとえば、個体数が半分になったと考えてみよう。一頭当たりの被害発生量が一定なら被害量も半分になるが、個体間の競争や干渉が減って一頭当たりの被害量は増えるかもしれない。そうすると、期待したほど被害は軽減しないことになる。一方集団性の動物なら、大勢で食べているときは安心して食べられるので一頭当たりの被害量が多くなるが、小集団になると警戒に割かなければいけない時間が多くなって、思うように食べられなくなることもあるかもしれない。そうすると、被害量は期待以上に減ると予想される。おそらく種によって、あるいは生息環境によって、この関係は変化するだろう。

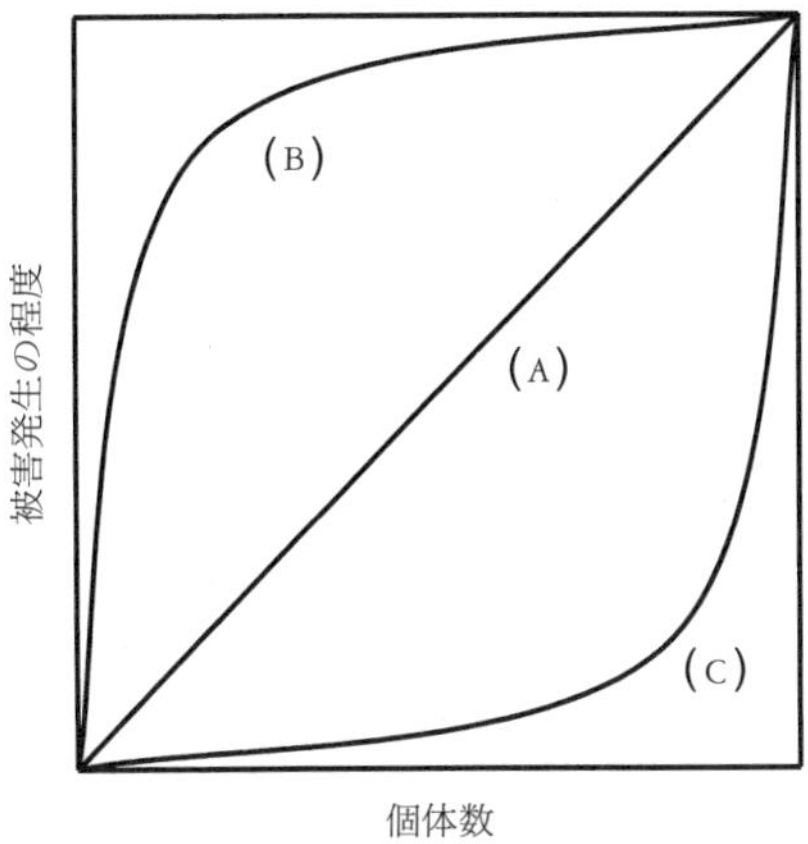


図7-3　被害の発生と個体数の関係．個体数が増加するに伴い被害の発生が直線的に増加する場合(A)だけでなく，最初に急増してその後はあまり変化しない場合(B)や最初はほとんど変化せずある程度の個体数になると被害が急増する場合(C)などが考えられる．

個体数（個体密度）と被害の発生との関係は興味深いが、日本の野生動物についてはほとんどデータがない。したがって、もし個体数管理によって被害軽減を図ろうとするなら、推定個体数（推定個体密度）やそれに代わる指標と被害の発生状況の変化をつねにモニタリングし、個体群の保全に支障をきたさないように計画を実施してゆくしかない。現在シカなどを対象とした個体数管理を実施している地域ではどんどんデータが蓄積されているはずであり、これらの関係が明らかになるだろう。

ところでニホンザルの場合、個体数管理は有効な被害対策になるだろうか。

第一章で述べたように、ニホンザルはある一定の範囲を行動域として集団で生活している。もし個体数管理を行なおうとするなら、ある地域に生息する集団の数を調整する方法と、集団の数は変えずにそれぞれの集団の個体数を調整する（集団の大きさを変える）方法が考えられる。ここでは前者を集団数調整、後者を個体数調整として区別しよう。個体数調整は、さらに集団を特定するものとしないものに分けることができる。

被害を軽減させる究極の方法は、被害地域に生息しているニホンザル集団をすべて捕獲して根絶してしまうことである。事実そのような方法で被害軽減を図っている地域も、数は少ないが存在するらしい。この方法の最大の欠点は、その地域に生息する集団の数や個体数などの情報がない状態で実施すれば、地域個体群全体が消滅してしまう危険性があるということである。実際に絶滅が起こった例もある。一方、一定地域内の集団数を調整して被害軽減を図ったという例はこれまでは報告されておらず、効果があるのかどうかはまったくわかっていない。

現在行なわれているのは、そのほとんどが集団を特定しない個体数調整である。ニホンザルは一九九八年以来、全国で毎年一万頭以上駆除されているが、被害面積はほとんど変化していない（図1-1参照）。サルによる被害が、あまり行政に報告されない自家消費の農作物が中心であることを考慮すれば、被害はまったく減っていないと考えてもよいかもしれない。にもかかわらずいまだに駆除は続いている。残念なことに、おそらく今後も同じ状態が続くことが予想される。

ニホンザルについては、これまで多くの研究者が駆除による被害軽減は期待できないと指摘し続けてきた。ただここで注意してほしいのは、ある地域個体群なり集団なりの個体数を正確に把握して、それに対して個体数調整を行なって被害軽減効果を検証した研究は、少なくともニホンザルではまったくないということだ。駆除による被害軽減効果に対して否定的な研究者も、広域調査の結果や行政資料を根拠にしているだけで、自分でデータをとってその効果（のなさ）を明確に示しているわけではないのである。

個体数調整による被害軽減効果を確かめるには、捕獲対象となる集団を決めて計画的に捕獲を実施し、その周辺地域に生息するほかの集団も対象とした追跡調査（モニタリング）を行なう必要がある。全国で毎年一万頭も駆除されているなら、どこかにモデル地区を作って調査を行なうことはそれほど困難ではないはずである。個体数が減れば農地での採食量は減る可能性が高いが、どのような形で減少するかを予測することはむずかしい。被害の発生頻度が減るか、集団の行動域が小さくなって被害の発生する農地の数が減るか、実際に調べてみないとわからないだろう（図7-4）。隣接する集団の行動

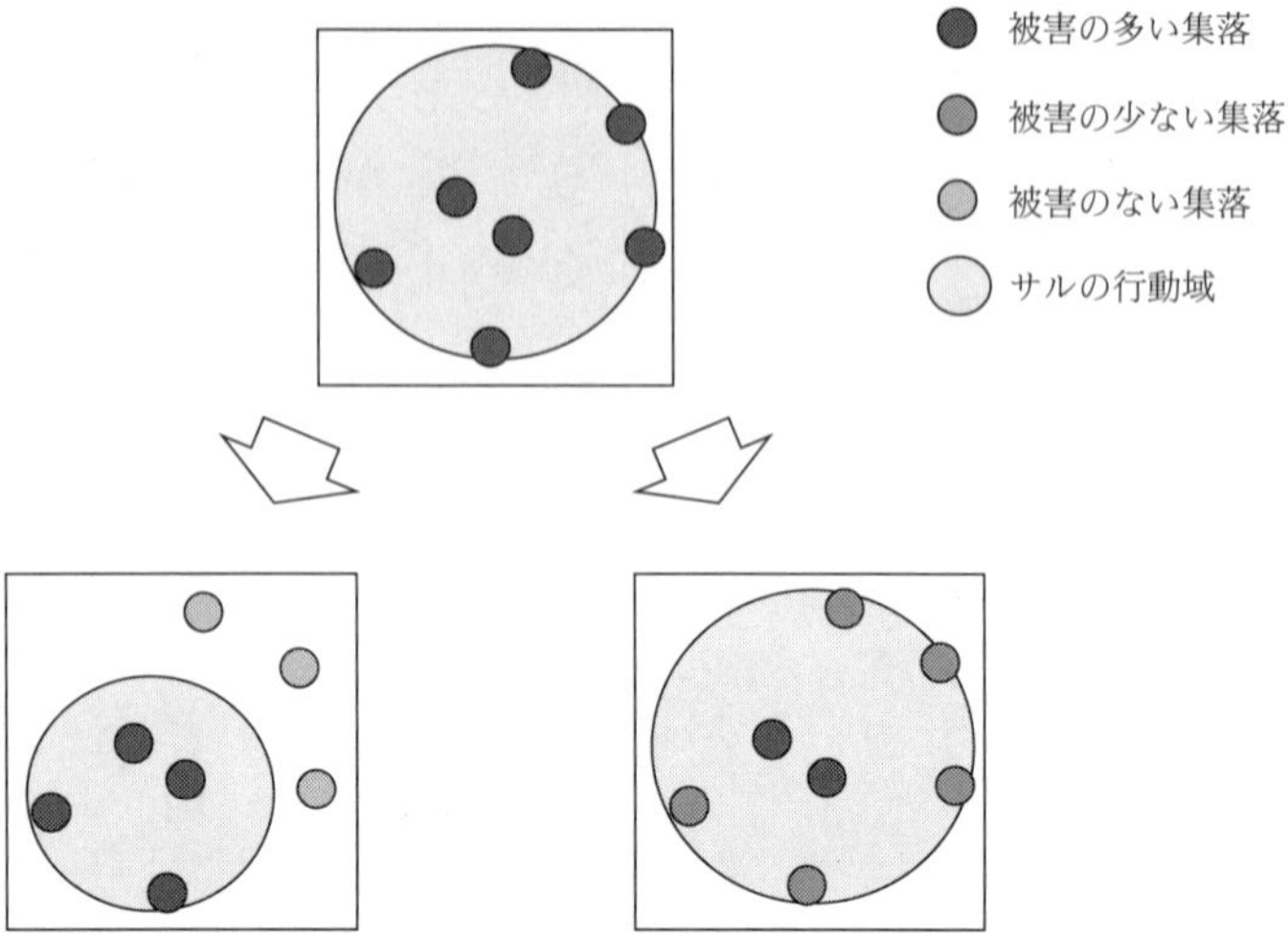


図 7-4　集団サイズの変化による被害発生頻度の変化．左側は集団の行動域面積が縮小する場合で，右側は行動域面積は変化せず被害発生頻度が減少する場合．

圏が拡大し、結果として被害が減らなかったりむしろ増加したりするようなことも起こるかもしれない。信頼できるデータを得るためには、同じような状況で何度かデータを取る必要がある。もし個体数調整をしても効果がない、または非常に効果が低いのであれば、少なくともニホンザルでは被害軽減を目的とした個体数調整をする意義はなくなる。あるいは、効果が現れる個体密度や集団サイズが個体群保全の観点から許容できないほど低いものなら、個体数調整という方法そのものが、ニホンザルによる被害の軽減には不適切ということになる。

わたし自身は、少なくともニホンザルについては、現在行なわれているような集団を特定しない個体数調整には問題が多いと思っている。理由はいくつかある。一つめは、この方法では各集団の個体数の変化を把握できず、集団の消失や地域個体群の絶滅を引き起こす可能性があるということである。二つめは、現在までに得られている状況証拠から推測する限り、集団を特定しない個体数調整による被害軽減効果は期待できないということである。三つめは、これまでの経験から、個体数調整をすることによって集団が分裂したり行動圏を移動させたりすることが知られており、被害地域を拡大する可能性があるということである。そして四つめは、被害が発生している現場で何も対策をせずに個体数調整だけを行なっても、その地域に生息するサルがいなくなるまで被害はなくならない可能性が高いということである。被害が発生する要因を放置しながら駆除を続けるのは、片方で火種を残しながらもう一方で消火しているようなもので、およそ非効率的だからだ。

もしニホンザルで個体数管理によって被害軽減を図るなら、集団を特定した集団数調整や個体数調整しかないだろう。ただしそれを実施するのは、被害の発生状況を分析し、その方法がもっとも有効であると判断されるときに限定すべきである。たとえば、集落に定着して激しい住居環境被害を出している場合や、集団の行動範囲に森林がまったく含まれておらず、森林に追い返せる見込みがない場合などである。もちろん地域個体群の保全が前提条件になるし、その後のモニタリングも必須である。

ちなみに、集団を特定して計画的に個体数調整をするにはかなりの手間とお金がかかる。対象となる集団のサイズや個体構成を把握し、数を減らせば効果があがると考えられる性や年齢を特定し、その個体を選んで捕獲する必要がある。集団数調整の場合も、対象となる地域全域であらかじめ生息状況の調査を行ない、どの集団を除去するのが保全上の問題が少なく、かつ被害軽減にもっとも効果的かを検討して、その集団を確実に捕獲しなければならない。こういったことを実行するには調査や捕獲のための技術が必要だが、そのような専門的知識をもった人材を確保できている都府県や市町村はとても少ないだろう。

繰り返しになるが、現在までに得られている状況証拠から推測する限り、集団を特定しない個体数調整をしてもニホンザルの被害は軽減しない。効果もないのに駆除を続けることは、行政の被害問題への対応に対する地元住民の失望感や不信感を募らせるだけでなく、集団の分裂を促し被害のなかった地域に分布を拡大させる事態を招いたり、地域個体群の絶滅の可能性を増大させたりする。行政が本当に被害を軽減させたいと思っているのなら、地元住民のことを本当に考えているのなら、もっと効果の確実な方法を選択すべきである。

### ＜コラム7＞

#### —数字の一人歩き—

数字が一人歩きすることは野生鳥獣の管理に限った話ではないが、この分野ではとくに注意が必要である。昔から保護問題にかかわっている人の中には、個体数推定の数字を示すということに極端な嫌悪感や警戒感を表す人がある。それは、経験的にそのような数字は利用されやすいということを知っているからである。

野生動物を管理する以上、管理者である行政には説明責任があり、利害関係者に内容を理解してもらって合意形成を図るというプロセスが必要である。保全や管理はある意味では実験であり、ある計画を実施し、その結果をモニタリングして計画にフィードバックするというのが基本である。その際には、結果を評価するためには明確な数値目標があったほうがわかりやすい。個体数推定値を行政に利用されることを恐れるのではなく、その数字を使って行政がきちんと施策を実施するかどうかということに厳しい監視の目を向けることのほうが、保全や管理を適切に進めてゆく上では重要だろう。

子どもと同じように、目を離せば数字は一人でよちよち歩きをはじめる。一人歩きは事故のもと。最初はしっかりと手をつなぐか、せめて目を離さないようにするべきである。でも、いつまでも手をつないでいるわけにもいかない。早く一人でちゃんと歩けるようになるまでしっかりと育ててゆくことも大きな課題だろう。

## 第八章◎ニホンザルの過去と現在

### 1　戦前までの状況

クマやシカなど日本に生息している野生の中大型哺乳類の多くは、狩猟獣として認められている。現代の日本社会では狩猟を生業としている人はほとんどおらず、むしろレジャーとして位置づけられているが、それでも狩猟対象となった動物たちは食用や薬用に利用されることが少なくない。一方ニホンザルは、現在保護獣として狩猟対象からはずされており、許可なく捕獲することは認められていない。しかし、ニホンザルも戦前までは狩猟され、さまざまな形で利用されていた。ここでは、三戸幸久・渡邊邦夫による『人とサルの社会史』（一九九九年）を参考にして、戦前までの状況をごく簡単に説明したい。

ニホンザル利用の歴史は江戸時代までさかのぼる。当時は食用や日用品としてよりむしろ薬用として利用価値が高かったらしい。とくにサルの胆のうは、「サルの胆」と呼ばれ、民間の万能薬として利用されていた。頭骨や手は魔除けとして利用されていたし、もちろん食肉や毛皮も売買されていた。ただし利用には地域的な差異があったらしい。たとえば東北地方では度重なる飢饉への対応として、貴重なタンパク源としてニホンザルの肉が利用されていた。それに対して中国地方では、サルを殺すのは禁忌となっていたことが記録として残されている。

明治時代になって狩猟が自由化され、高性能の銃器が普及しはじめると、食用や薬用のための狩猟が盛んになり、野生動物の分布や個体数が急速に縮小しはじめる。サルも例外ではなく、残されている記録によれば明治・大正時代には年間数百頭から千数百頭程度のニホンザルが捕獲されている（図8-1）。この時期までに、サルは平野部からはまったく姿を消し、山間部にかろうじて生き残るような状況になった。とくに東北では狩猟圧が高く、現在の分断された狭い分布は、その当時の状況をいまに反映したものと考えられている。戦後保護獣になって狩猟の脅威に直接さらされなくなっても、サルは人を恐れ人のあまり来ない奥山に生息していた。実際には奥山でもサルが人前に現われることは少なく、人を見れば一目散に逃げるような状況が続いた。

一方、野生鳥獣による農作物被害は、人間が農業をはじめたころにその起源をたどることができる。人口が増加し、平野部から山間部に集落が急速に広がり開墾が進んだ江戸時代には、山間部や山際の

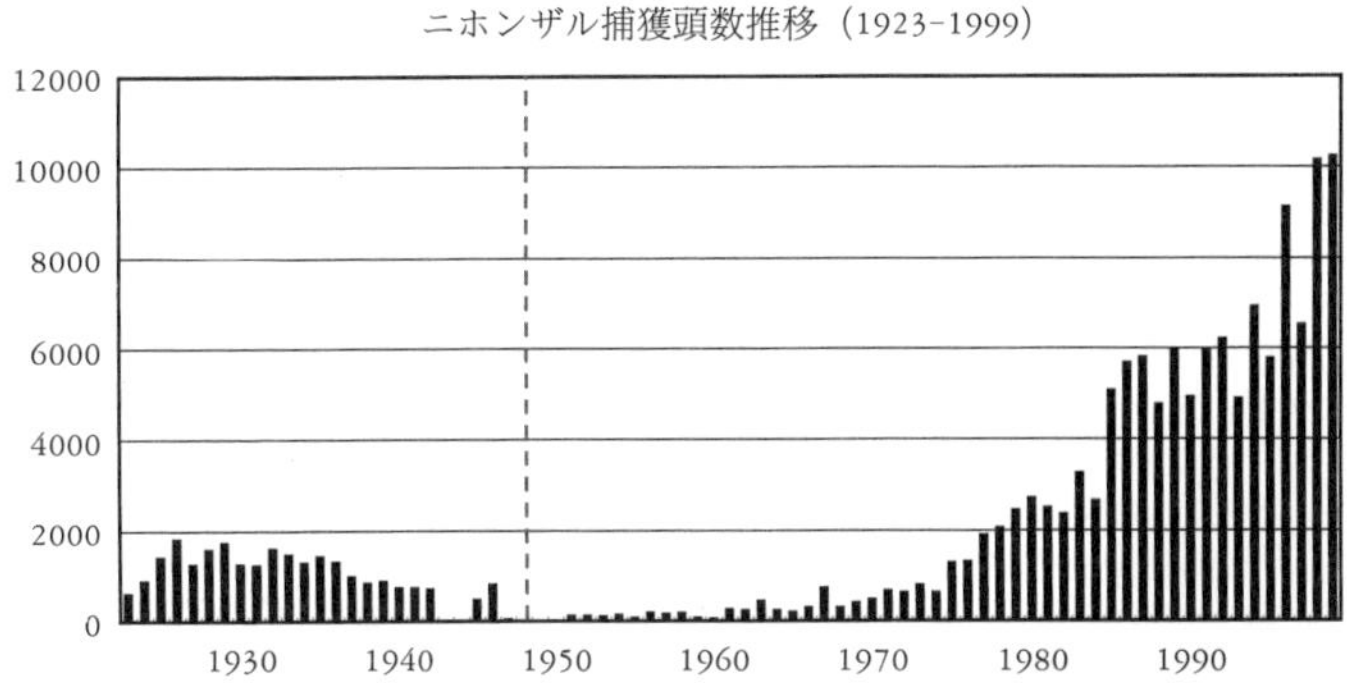


図 8-1　ニホンザルの捕獲頭数の推移（狩猟統計及び鳥獣関係統計より）．戦前までは狩猟獣として年間数百頭から千数百頭捕獲されていた．1948 年に非狩猟獣に指定されてからは，有害鳥獣駆除制度による駆除のみである．1998 年からは年間駆除数は一万頭を超えている（図の破線は非狩猟獣に指定された 1948 年を示す）．

農地はよく被害を受けていたようだ。野生動物にとっては、生息環境への圧迫が急激に起こった時期であり、新しい環境への対応を迫られたことだろう。

そのころの農家は、昼はサル、夜はシカやイノシシの襲撃に備えて、たえず農地の番をしていたと記録に残っている。被害作物は、アワ・ヒエ・マメ・ソバ・ムギなどの穀類が中心だった。いまよりもっと食糧事情の厳しい時代であり、被害を防ぐための努力は並大抵のことではなかっただろう。その反面、野生動物から農地を守るのは当たり前の作業として認識されていたようである。全国各地に今も残る長大な「シシ垣」の跡は、その当時の人たちがどれだけ多大な労力と資金を費やして野生動物から農地を守ろうとしていたかを物語っている。個々の農家の利益を守るためということもあるが、むしろ地域社会全体の維持にかかわる一種の公共事業だったと考えるべきなのかもしれない。

## 2　分布の変遷と個体数の変化

日本でもっとも古いニホンザルの分布に関する調査は、東京帝国大学医学部の長谷部言人が一九二三年に行なった、全国都道府県の郡長、庁長、島司を対象としたアンケート調査である。長谷部は、ニホンザルが全国的に同じ種であるのか、ニホンザルの分布の北限はどこにあるのかなど、いくつかの疑問を解決するためにこの調査を行なったらしい。九〇パーセントを越えるアンケートの回収率は当時の帝国大学の威光を偲ばせるが、とにかくこの時代に全国から生息に関する情報を体系的に集めたことは、分布の歴史的な変遷を考える上でたいへん有意義だったといえるだろう。

長谷部の調査によると、この当時、多くの地域でニホンザルは秋に果実の実りの変化を追って奥山から人里近くへと移動し、春になると新緑を追って奥山に戻るという季節移動を繰り返していたらしい。分布に関しては、近年姿を消した場所として一五ヵ所が、減少傾向にある場所として四二ヵ所が報告されており、その一方で増加した場所は一ヵ所しか報告されていない。ちなみに猿害に触れた場所は二一ヵ所あった。これらのことから、このころにすでに日本各地でニホンザル地域個体群の衰退や絶滅が起こっていたと推測される。実際報告の中で、長谷部は保護の必要性を記述している。

前述したように、ニホンザルは戦前まではほかの中大型哺乳類と同様狩猟されており、毛皮や肉、あるいは内臓などが、食料や薬品、日用品などに利用されていた。戦前から戦中にかけては、食料等の需要増と森林伐採による生息地の荒廃で、それまでよりさらに個体数が減少し、分布が縮小したと推測される。

戦後、個体数の減少が問題になり、一九四八年にニホンザルは保護獣に指定され、狩猟されなくなった。戦後はじめて行なわれた分布調査は、一九五〇年に林野庁の岸田久吉が行なったものである。彼は全国の営林局と都道府県に、ニホンザルの生息情報を照会した。その結果、三〇〇ヵ所で生息が認められ、生息頭数は一万五六一四頭と推定された。ただし報告を詳細に検討すると明らかに不自然な情報もあり、寄せられた情報の信頼度はそれほど高いとはいえない。戦後まもなく行なわれた調査で人をもっとも恐れていた時期でもあり、ニホンザルの発見率そのものが低かった可能性も大きいだろう。このような状況を考慮しても、戦前に長谷部の行なった調査と比較すれば、分布域の縮小は明らかだった。

その後、財団法人日本モンキーセンターにいた竹下完が一九六一年〜六二年と一九七〇年の二度にわたって全国の市町村に対してアンケート調査を行ない、分布と個体数の変化を調べている。一九六一〜六二年には、ニホンザルの生息する市町村を各県林務課に紹介してもらいアンケート用紙を配布した。そのときの回答率は八二パーセントであった。分析の結果竹下は、全国に四二五群生息し、生息数は二万二〇〇〇～三万四〇〇〇頭と推測している。驚くべきことに、この当時すでに四二五群中のうちの六〇パーセントで農作物被害が報告されており、「ここ数年で発生した」という報告も多かったらしい。

その後竹下は、一九七〇年に再度全国一一〇〇市町村を対象にしたアンケート調査を行なった。そのときは一二二八通のアンケート中七八六通でニホンザルの生息が報告され、そのうちの四〇〇通以上に猿害の発生が報告されていた。また、一二九通が最近ひどくなったと報告しており、九九通は数年前から発生したと報告している。このアンケート調査にもとづいて、竹下は全国の生息数を四万三一六一頭と推定している。そのときの分布範囲は渡邊により再分析され、環境庁二次メッシュ（約二五平方キロメートルのほぼ正方形）によるセル数では一二二四になった（図8-2）。

一九七八年になって、環境庁（現　環境省）は日本の主要な中大型哺乳類に関する生息実態調査を行なった（図8-3）。それによると、東北地方の分布はほかの地域に比べて非常に狭く、個々の個体群が分断・孤立化しているようすがうかがえる。一方、甲信越や近畿地方には連続した大きな個体群があり、ニホンザルの分布は広範囲にわたっている。この調査では、減少傾向は一一県で、増加傾向は一九県で報告された。環境庁二次メッシュによるセル数は、全国で二二九五になった。岸田や竹下の調査は方法や精度に不十分なところがあるため明確な指標とすることは難しいが、少なくとも終戦直後に分布はかなり縮小し、その後徐々に回復してきたことは間違いないといえるだろう。

環境庁の分布調査以降、ニホンザルについてはまとまった生息実態調査は行なわれてこなかった

図 8-2　1970 年に行なわれた竹下によるアンケート調査にもとづくニホンザルの分布（渡邊 2000 の図 3-5 を転載）.

（ただし、環境庁では主要な生物については定期的に簡単な分布調査を行なっている）。第二章で述べたように、一九八〇年代後半からニホンザルによる農作物被害が日本各地から報告されるようになり、生息実態を把握する必要性が急速に高まりはじめた。それを受けて、その当時ニホンザルの保護と管理に強い関心と危機感をもっていた研究者たちが「ニホンザル保護管理のためのワーキンググ

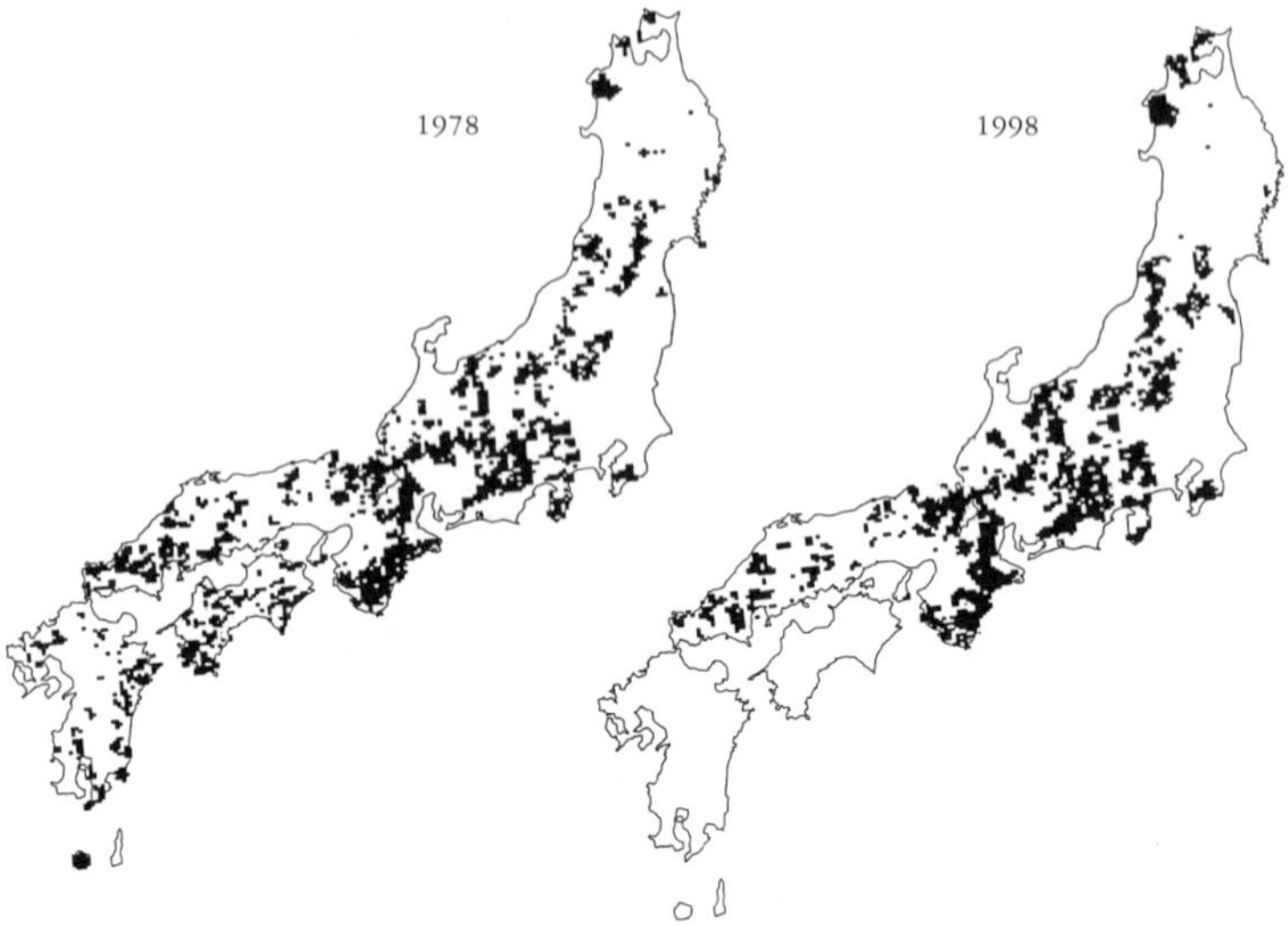


図 8-3　1978 年に行なわれた環境庁による生息実態調査にもとづくニホンザルの分布と，各地で行なわれた調査にもとづく 1998 年時点の分布（渡邊 2000 の図 3-1 を改変）．1998 年の分布図のうち，四国と九州は未調査のため空白になっている．

ループ」を結成し、市町村へのアンケート調査を主体とする全国規模の分布調査をはじめた。その結果、現在までに本州については各地方の生息状況があきらかになっている。

東北地方の分布は分断化と孤立化が進んでおり、とくに北部はごく限られた地域にしか分布していない（図8－4）。生息密度も暖温帯に生息するニホンザルに比べて低いため、全体の個体数も少なく、保全上要注意の個体群が多いといえるだろう。ただ、一九七八年と最近の分布状況を比較すると、多くの個体群で分布の拡大が認められている。下北半島では

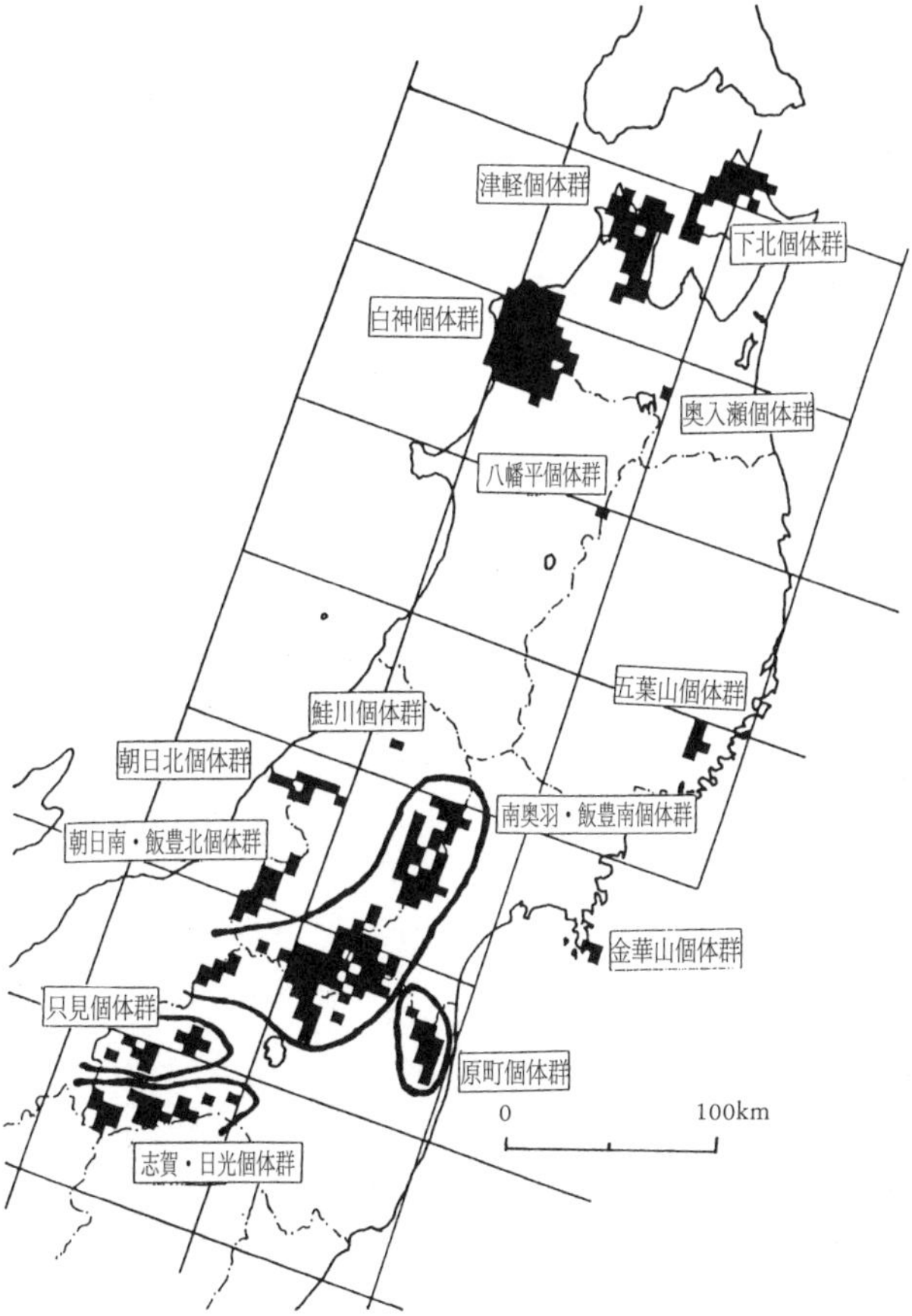


図 8-4　1995—1997 年に行なわれた調査にもとづく東北地方のニホンザル分布（大井ほか 1997 の図 2 を転載）.

長期にわたって生息実態調査が行なわれており、それによると群れ数、生息数とも、この三〇年間で三倍程度増えたことが確認されている。そのほかの個体群でも、群れ数や生息数の増加が起こっているることが推測される。いずれにせよ、東北地方の地域個体群はいずれも孤立していてかつ分布域が狭いものが多いため、回復傾向があるとはいえ、今後の動向には十分注意が必要である。

関東甲信越地方には、東北地方に比べて分布域の広い個体群が多い（図8-5）。ただ、地域によっては市街地や道路によって分断が進んだり、生息が確認できなかったりしている。分布域そのものはこの二〇年間で若干増加しているが、これが個体数の増加を示すものかどうかは不明な地域が多い。この地方には、西日本と同様、ニホンザルによる被害が長期にわたって発生している地域も多く、駆除による分布や個体数の変化も起こっている。

中部・近畿地方には、もっとも大きな個体群である中部・近畿個体群があり、関東甲信越地方へとつながっている（図8-6、図8-7）。ただし、ここでも市街地や道路などによって物理的に分断されていたり、明確な障壁はないものの分布の接していない孤立個体群が数多く存在する。中部・近畿地方全体の分布域はこの二〇年間でわずかに増加しているが、消滅してしまったり、孤立化してしまった個体群が少なくない。また、それぞれの個体群の周辺域では農林業被害が深刻化している場合が多く、大きな駆除圧が局所的に掛けられ、個体群の縮小や消滅が起こっている地域もある。

中国地方では、この二〇年間に個体群の分断化と孤立化が急速に進んだと推測されている（図8-8）。全体としての分布面積そのものが減少しているだけでなく、各個体群が小さくなったり、完全に

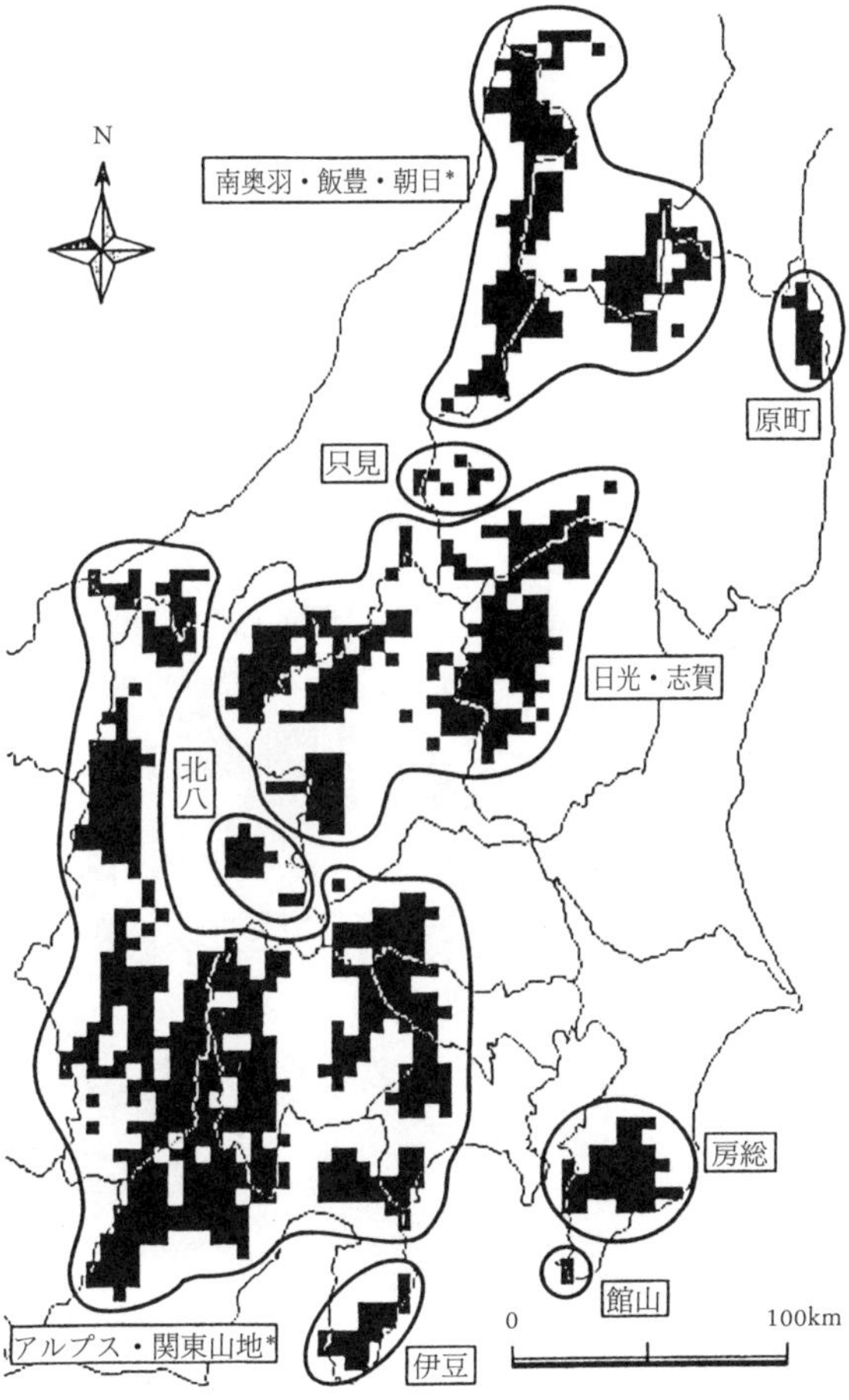


図 8-5　1991—1997 年に行なわれた調査にもとづく関東甲信越地方のニホンザル分布（今木ほか 1998 の図 1 を転載）．

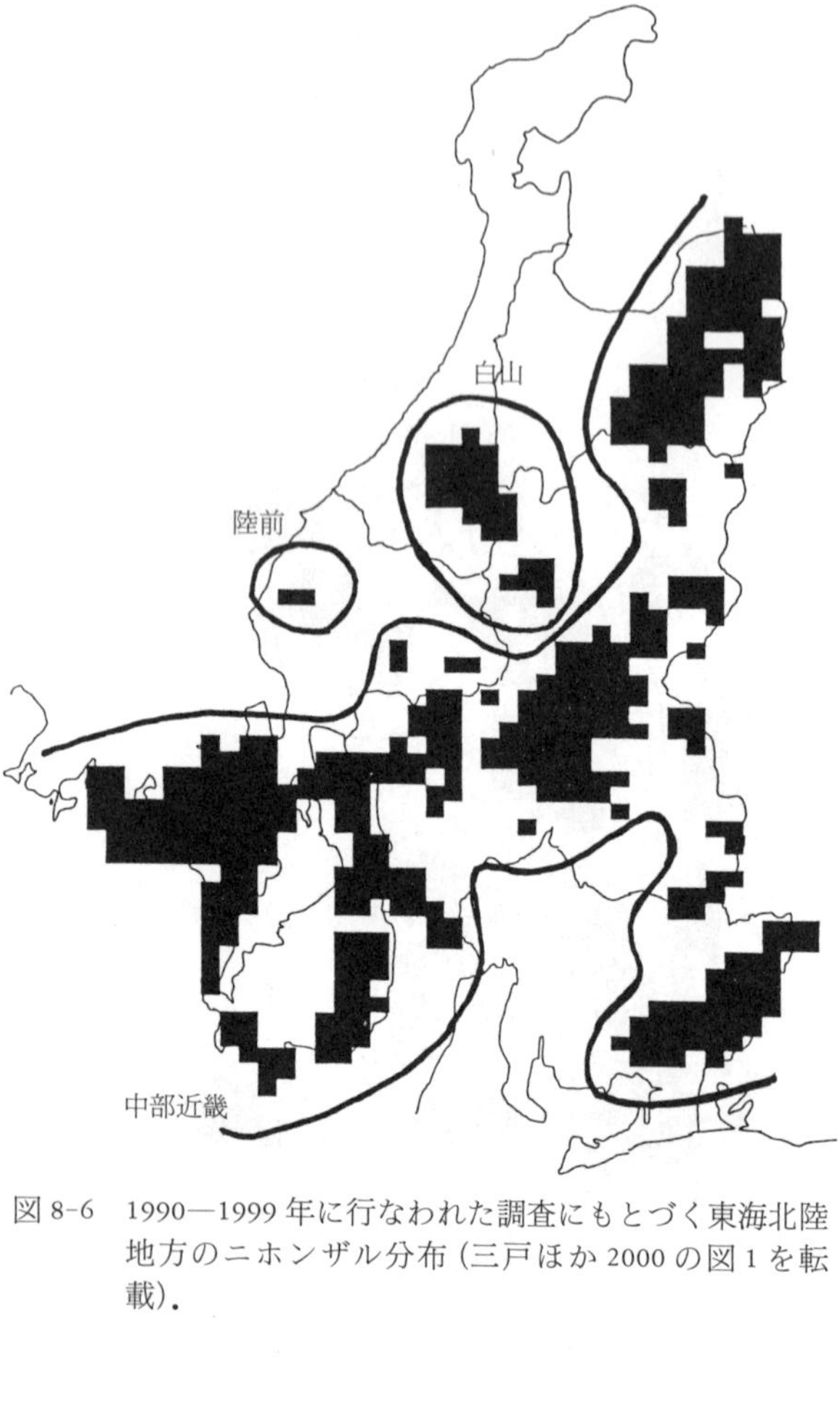


図 8-6　1990―1999 年に行なわれた調査にもとづく東海北陸地方のニホンザル分布（三戸ほか 2000 の図 1 を転載）．

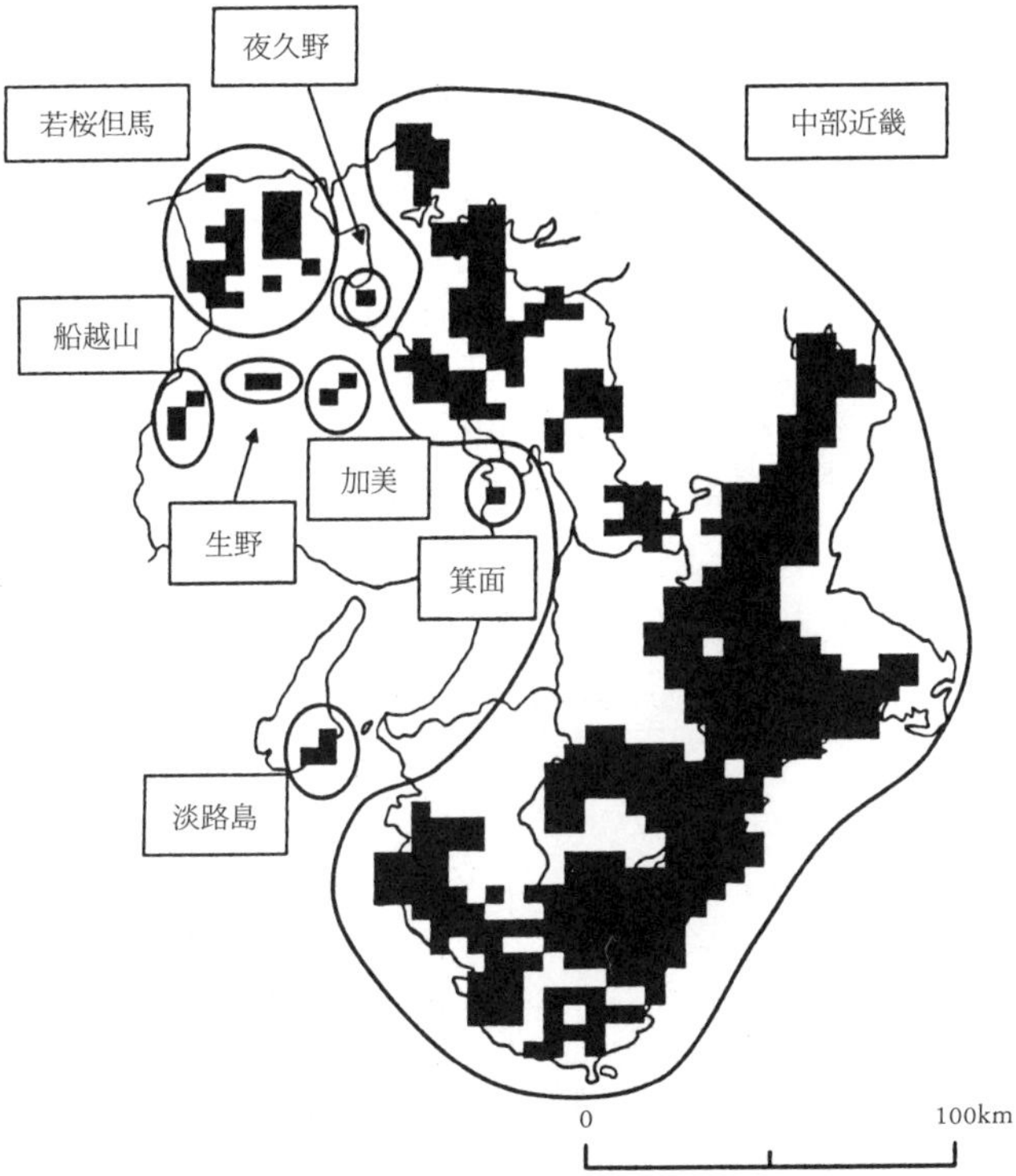


図 8-7　1989—1998 年に行なわれた調査にもとづく近畿地方のニホンザル分布（室山ほか 1999 の図 1 を転載）.

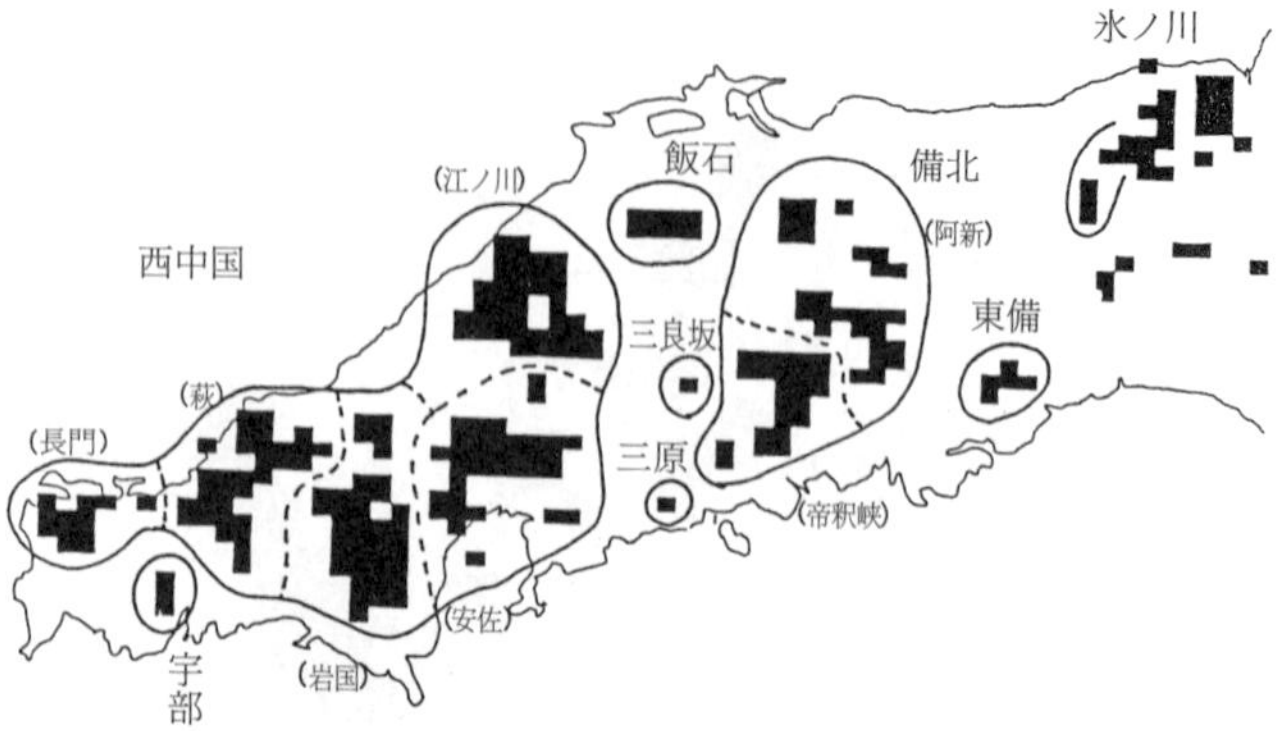

図 8-8　1984―1999 年に行なわれた調査にもとづく中国地方のニホンザル分布（林・渡邉 2000 の図 1 を転載）.

消滅してしまったりしている。

四国地方と九州地方については、残念ながらいまのところまだ情報がまとめられていない。東北地方や関東甲信越地方のように分布を拡大するという余地があまり残されていないことや、ニホンザルによる農作物被害が広範囲に発生し駆除頭数も多いことから、おそらく近畿地方や中国地方と似たような状況ではないかと推測される。

これらの結果からわかることは、平野部への進出が全国的に見られること、それに伴う人間との軋轢の増加による駆除圧の増加が、生息状況に大きな影響を与えはじめていること、とくに古くから農林業被害が発生している西日本では、地域個体群の縮小や孤立化が顕在化しはじめていることなどである。なお分布調査の結果は、三回にわたって開催されたニホンザルフォーラムで発表されたほか、論文や報告書、著書の形で広く公表されているので、詳しくはそちらを参照していただきたい(引用文献を参照)。

ここで注意しておいてほしいのは、もしある地域で分布が拡大していても、それがかならずしも個体数の増加を意味しないということである。たとえば、第二章で述べたように、集落付近に生息する集団は、これまでに各地の野生群で報告されているよりもかなり広い数十平方キロメートルという範囲を移動する。また山間部で行なわれた聞き取り調査によると、山奥でサルを見かけることが少なくなったということも報告されている。その一方で、集落周辺に生息している集団では、出産率が高く幼児死亡率が低いことが指摘されている。情報が少ないので明言できないが、もしこれらのことが本当だとすると、集落側へと分布が広がり個体数が増加している地域がある一方で、生息密度が減少したり空洞化が起こっている地域もあると考えられる。全国的な個体数の変化について結論を出すには、まだまだ基礎的な資料が不足しているといえるだろう。

## 3　地域個体群の絶滅

ニホンザルの保全を考える上で問題となるのは、孤立・分断化した地域個体群の存在である。地域によってはいまも孤立化や分断化が進んでおり、今後も同じような状況が続くと推測されている。

保全生態学ではサイズの小さな個体群は個体数変動や環境変動などの確率的要因によって絶滅しやすいと言われている。存続可能な個体群サイズや絶滅確率は、個体群存続可能性分析（ＰＶＡ）という方法で試算することができるが、残念ながらニホンザルについてはまだほとんど試みられていない。宮城県金華山島で長期間にわたって蓄積された個体数変動の詳細なデータから試算された結果では、数百頭程度の個体群であっても大規模なカタストロフや強い決定論的要因が加わらなければ絶滅にいたる可能性は低いと推測されている。ただしこの結果を生息環境のまったく違うほかの地域個体群に単純に当てはめることはできない。少なくともニホンザルの代表的な生息環境ごとにデータを蓄積して試算することが必要である。

絶滅の危険性を推定する方法として、ある一定期間中に実際に絶滅した個体群を調べるという方法もある。この方法を使って長谷部の一九二三年の調査結果と環境庁の一九七八年の調査結果を比較した研究によると、この約五〇年間の間に二五〇平方キロメートル（実際には環境庁二次メッシュ一〇個分で表わされた面積）以下の面積しかなかった個体群のうち約半数が絶滅したことがわかっている。それぞれの個体群の絶滅原因はわからないものの、この結果からも分布の狭い孤立個体群は絶滅しやすいということは言えるだろう。

なお、二〇〇〇年に作成された特定鳥獣保護管理計画技術マニュアル（ニホンザル編）には、これらの結果を踏まえて「長期間にわたって野生ニホンザル地域個体群を存続させるためには、最低限約二〇群または約千頭、二五〇平方キロ以上の連続した分布域を確保する」ことを一応の目安として記してある。誤解されないように強調しておきたいのだが、これは「この数字に合わせるように個体数調整や分布域の調整をしなさい」ということではない。「この数字以下の個体数や分布域になることは絶対に回避しなさい」というエンド・ポイントの指標である。もちろん最初からこの数字以下の個体群に対しては、個体群の存続や拡大を図ることが最優先課題となる。残念ながらこの数字の科学的根拠はあまり明確ではなく、この数字を確保したからといって個体群の絶滅を避けられるという保証はない。絶滅の危険性を低くするためにも、数倍の値を目安にしたほうが安全である。

前述したように、少なくとも近畿地方北部や中国地方ではいまも局所的な絶滅が観察されている。原因としては、大規模な道路建設等による生息地の破壊、有害鳥獣駆除による集団捕獲などの決定論的要因が指摘されている。とくに人工林率が高く集団の分布密度の低い地域では、農林業被害軽減のための集団捕獲や無計画な個体数調整は、そのまま地域個体群絶滅への引き金になりかねない。

集団捕獲によって地域個体群が消滅した実例としては、三重県島ヶ原村の事例がある。一九七九〜八〇年に被害対策事業として集落に出没するニホンザル集団の捕獲を実施し、その地域に生息していたサルをほとんど捕獲してしまった。その結果、現在に至るまでニホンザルの群れ分布は回復しておらず、たまにヒトリザルが現れるだけという状態が続いている。被害を軽減するという当初の目的は達成されたわけだが、「無計画な捕獲は地域個体群の絶滅を招く」ということを示す貴重な実例となっている。

実際にわたしが京都府で行なったアンケート調査でも、数年に一回集団捕獲を実施している市町村があった。捕獲実施後数年は被害が少なく、その後増えはじめると捕獲を実施するとのことで、七〜八年ぐらいのサイクルで捕獲されているらしい。この地域の個体群の分布は一九七八年の環境庁調査からは縮小しており、周期的な集団捕獲の影響による可能性が十分考えられる。このまま同様の捕獲を繰り返せば、この地域個体群は消滅するかもしれない。

消滅してしまった地域個体群は、二度と元には戻らない。その地域個体群が保持していた遺伝的な多様性や形態的な多様性はもとより、長い進化の過程で育まれてきた生物群集や生態系の中での役割も、跡形もなく消えてしまう。その影響を正確に予測することは現段階ではだれにもできないが、その地域だけでなく、日本全体、あるいは世界全体の財産が永遠に失われてしまうことだけは確実である。

## 4　霊長類の現状と保全への対策

ここで、ほかの霊長類、とくにニホンザルに近縁のマカカ属霊長類（マカク）の現状についても若干触れておこう。現在地球上には二〇〇種以上の霊長類がいるといわれており、多くの種が絶滅の危機に脅かされている。二〇〇二年のＩＵＣＮ（国際自然保護連合）レッドデータブックによれば、約半数にのぼる一九種が絶滅危惧ⅠA類（Critically Endangered）に、四六種が絶滅危惧ⅠB類（Endangered）に、五三種が絶滅危惧Ⅱ類（Vulnerable）に分類されている。

マカクの仲間は現在二〇種程度いると考えられているが、個体数や分布、個体群の趨勢といった個体群の現状に関する資料はほとんどの種で不足しており、とくに地理的に広範囲に生息する種でその傾向は著しい。ほとんどの種で、個体数や分布は減少しているが、回復傾向にある個体群もある。ＩＵＣＮレッドデータブックによれば、マカクのうちの一種が絶滅危惧ⅠA類に、三種が絶滅危惧ⅠB類に、七種が絶滅危惧Ⅱ類に分類されている。

南インドの西ガーツ地方にだけ生息している樹上性の強いシシオザル（*M. silenus*）は、もっとも絶滅が心配されている種だ。推定個体数はわずか三五五〇頭で、生息地の破壊によって分断化されている九つの地域に四一の個体群が広がっている。インドネシアのスラウェシ島に固有のクロザル（*M. nigra*）も絶滅に瀕している。個体数は、一九八八年の時点では六〇〇〇頭以下と推定されているが、その減少には狩猟が大きく影響していると考えられている。インドのアカゲザル（*M. mulatta*）は一九六〇年から一九八〇年の間に医学研究用に大量に輸出され、元の個体数の八〇～九〇パーセントにまで減少してしまった。輸出により減少した一九七八年の推定個体数は一八万三〇〇〇頭だったが、その後の原産国からの輸出禁止措置により、一九九〇年代には五〇万頭にまで回復している。

野生の霊長類個体群に対する主要な脅威は、人間の生活圏の拡大による生息地の劣化や消失、食料や伝統的な薬を取るための狩猟、農林作物に対する害獣としての除去、医学的研究やペットとして利用するための捕獲などである。森林伐採、農業や単一作物栽培のための森林の転換のようなさまざまな人間活動やダムプロジェクトのような経済開発活動は、すべて生息地の消失につながるため、個体群や生態系に対するもっとも深刻な脅威になる。食料としての消費や伝統的な薬としての利用も、クロザルのように種によっては個体数の減少の大きな要因になることがある。また、ニホンザルやアカゲザルのように二次林や人間の集落近くに生息できる種は、農作物への被害を出すことが多く、害獣として駆除されることが少なくない。このような脅威は重なり合っていることが多く、問題をさらに複雑にしている。

では、どのようにして霊長類を保全してゆけばよいのだろうか。ごくおおざっぱに分ければ、おそらく二つのやり方があるだろう。

まず一つめは、おもに熱帯常緑樹林に生息し、生息地の破壊や消失の脅威にさらされていて、絶滅が心配されている種や個体群に対するやり方である。こういった種は、ほんの少し生息地が減少したり森林が伐採されただけで絶滅してしまう可能性があるため、メタ個体群（遺伝子交流のある複数の局所個体群の集合）や生態系の保全のための適切な保全プログラムが必要になる。孤立化し、分断化した生息地を厳密に保護するとともに、可能なかぎり分断化された生息地を結ぶ回廊（コリドー）を作り、局所個体群間の遺伝子交流を維持する。個体数が限られている種や個体群は注意深くモニタリングし、もし必要なら飼育下で繁殖して生息地に再導入するという生息地外繁殖プログラムも検討する。南米に生息する毛並みの美しいライオンタマリン（*Leontopithecus rosalia*）は、個体数が数百頭にまで減少したため、このようなプログラムが実施されている。

アカゲザルやカニクイザル（*M. fascicularis*）のように広範囲に生息し、さまざまな環境にうまく順応できる種には、地域個体群の保全と被害管理を結びつけた管理プログラムが必要である。種レベルではすぐに絶滅を心配しなくてもよいほど個体数が多くても、亜種レベルや地域個体群に目を向けると緊急に対策が必要な場合は少なくない。生物多様性の保全という観点からは、種レベルでの存続を図るだけでなく、それぞれの地域で個体群の保全が行われる必要がある。また、ニホンザルのように地元住民との軋轢がある場合には、それが地域個体群の絶滅を引き起こす脅威となりうるので、被害管理を実施して被害軽減を図ることが重要な課題となる。マカクに限らず、アフリカに生息するヒヒやマンガベイなどでも、種や地域個体群の保全と人間活動との軋轢が問題になっており、今後さらに被害管理研究を発展させることが重要になるだろう。

アジアには、効果的な野生動物管理を実施するために必要な経済的基盤のない国が多い。調査研究を実施したり野生動物の管理を行なうための制度や人材が不足していたり、霊長類とその生息地の状況についての科学的なデータが非常に少ないために、地域個体群や種に対する保全プロジェクトを立案することすらできないこともある。おそらく、ほかの地域の霊長類の原産国でも事情は同じだろう。

アジアの経済成長は、人口の急速な増加を促し、野生動物の生息地破壊と地域個体群の絶滅を加速している。このような状況において、霊長類の原産国で若いフィールド研究者を育成したり確保したりすることは、行政関係者や地元住民に対して、霊長類やほかの生物についての知識や、生息地の保全や管理の考え方を広めるのに、きわめて重要である。研究者がいれば、科学的なデータの少ない野生個体群を調査したり、管理計画を立案し実施したりすることもできる。いま必要なことは、霊長類の原産国に住んでいる人々が、必要であればＮＧＯやほかの国々の助けも借りながら、みずからの手で野生動物に関する効果的な保全と管理のプログラムを計画し実行できるように、さまざまな形の援助を行なうことだろう。

## 5　なぜ霊長類を保全するのか

この章では、被害管理から少しはなれてニホンザルを中心とした霊長類の現状やその保全について考えてきた。順序があべこべのようだが、最後に「なぜ霊長類を保全するのか」という基本的な問いについて、少し考えてみよう。

この問いに対しては、さまざまな答えが考えられる。たとえば森林（とくに熱帯林）には、多くの植物種が生息しているが、それらの受粉や種子分散には、霊長類が重要な役割を果たしていることが知られている。もし霊長類が森林からいなくなれば、それまで行なわれてきた樹木の更新ができなくなり、やがてその森林が消えてしまうかもしれない。つまり霊長類は、森林の消長を左右する、いわばキーストーン種（キーストーンとは、アーチやドームの一番上に置かれ、建築物の構造を安定にする石のことで、要石（かなめいし）とも呼ばれる）の役割を果たしている可能性がある。もし森が消えてしまえば、木材やそのほかの森林資源が失われてしまうだけでなく、周辺地域や地球全体の気候にもさまざまな影響があらわれ、地球温暖化と深く関係している二酸化炭素の吸収もできなくなる。

霊長類には、さまざまな資源としての価値もある。以前のニホンザルがそうであったように、地域によっては重要な食物資源や薬用資源になっている。外見やその行動、あるいは高い認知能力から、インドのハヌマンラングールのように宗教上敬われる存在になっていることもある。そのような理由がなくても、霊長類は何かほかの哺乳類とは違う特別の存在として扱われることが多く、わたしたちの精神生活にさまざまな恵みを与えてくれている。また、霊長類の行動や生態、知能などについて調べることによって、人類の進化や歴史についてさまざまなことがわかってきたことには疑いの余地はないだろう。

生物群集や生態系を守るという観点からも、霊長類は貴重な存在である。前述したように、霊長類の多くは熱帯林をすみかとしているため、霊長類を保全するには彼らが生息している熱帯林そのものをかなり広範囲に保全することが必要になる。当然のことだが、熱帯林には霊長類以外にも非常に多様な動植物が生息しており、それぞれが複雑に関係しながら生態系を維持している。残念ながら熱帯林は急速に地球上から消えつつあり、生物多様性を守るためにも、その保全を図ることは急務となっている。このような状況の中で霊長類を守ることは、そのまま熱帯林の生態系の保全につながるといえるだろう。

地球全体の危機的な状況に呼応する形で生まれた保全生態学は、「生物多様性の保全」と「健全な生態系の維持」を目標としている。霊長類の生息している地域でその保全を図ることは、それ自体が目的になるだけでなく、これらの大きな二つの目標を達成するための重要な手段でもある。絶滅が心配されているそれぞれの種を保護するということももちろん大切だが、霊長類が生息している地域の生物群集や生態系を守るということこそが重要な課題なのだと認識すべきだろう。

<コラム8>

―生態学のススメ―

ニホンザルの研究は、おもに餌づけ群を対象とした社会学的研究から発展してきた。生態学的研究は数少なく、とくに群集生態学や個体群生態学の分野にはほとんど関心が払われなかったと言えるだろう。人類学からの影響もあって、生態学的研究よりむしろ行動や社会を対象とした研究が霊長類では隆盛だったのは欧米でも同様だが、日本の場合その傾向はとくに顕著だった。生息環境の状況や変動を視野に入れた研究が増えはじめたのは、例外的な研究をのぞけば八〇年代も後半になってからである。

とはいえ、野生ニホンザルの研究が行なわれてこなかったわけではない。実際、さまざまな地域で研究が行なわれてきた。代表的な野生群（餌づけ群を含む）の調査地としては、下北、金華山、五葉山、白山、日光、千葉、奥多摩、箱根、長野、新城、嵐山、勝山、高崎山、幸島、屋久島などがある。これらの調査地の多くではおもに社会学的あるいは行動学的な研究が行なわれてきており、残念ながら生態学的な研究成果はそれほど多くない。イモ洗いで有名な幸島は、もっとも古くからニホンザル研究がおこなわれている調査地だが、その幸島でさえ生息環境の変動、とくに食物環境の変動に関する定量的なデータはまったく蓄積されてこなかった。わたしの知る限り、食物環境の変動が定量的にモニタリングされている地域は金華山と屋久島だけである。

保全や管理を考える上では、群集生態学や景観生態学の視点も重要になる。今のところ、そのような観点から霊長類を研究した人は数少ない。前人未踏の領域に踏み込む人は現れるだろうか。

# 第九章◎里のサルとつきあうには

## 1 被害管理のゆくえ――ニホンザルは生き残れるか

ここまでは、どのようにしてニホンザルの被害を防ぐかということを中心に話を進めてきた。里のサルとうまくつきあうには、まず被害を軽減することからはじめるべきだと思っているからである。ただし、被害を減らせたからといってそれですべてが終わるわけではない。ニホンザルという日本固有の霊長類を絶滅に追い込まないようにするためには、もっとさまざまなことに取り組んでゆく必要がある。この章では、何をどのようにしてゆけばよいのかということを考えてゆきたいと思う。

以前ある人に「被害管理がうまくいって、里から山へサルを追い返せたとして、そのサルたちはどうなるのですか」と聞かれたことがある。追い返した山にサルの本来の生息地である広葉樹林が広く残っていれば、あまり問題はない。サルは山で平穏に暮らしてゆくだろう。だが、人工林率が七〇パーセントを越えるような地域ならどうだろうか。かなり窮地に立たされることになるに違いない。食物の多い沢筋に広葉樹林が残っていればまだ救われるが、尾根筋に貧弱な広葉樹林があるだけだと生きてゆけないかもしれない。アカンボウが生まれない、コドモや老齢個体が冬を越せないなどして、大幅に集団サイズが小さくなるか、最悪の場合集団が消滅してしまうかもしれない。

そう答えると「それでも里から山に追い返すべきなのですか」と重ねて尋ねられた。みなさんならどう答えるだろうか。

そのときのわたしの答えは「そうすべきだと思います」だった。サルにはほんとうに申し訳ないと思うが、現在の状態を続けていれば、人間にとってだけではなくサルにとっても決してよい結末は来ないだろう。農作物に依存しては個体数を増やし分布を拡大するという悪循環をどこかで断ち切らない限り、被害の拡大は止められないし、毎年一万頭という途方もない駆除数を減らすこともできない。農地や集落からサルを切り離すこと。それがいまもっとも必要なことなのだ。

いまもしサルが集落周辺で採食する機会を完全になくしてしまうと、あちこちで集団が縮小したり絶滅したりすることになるだろう。被害の発生している地域のニホンザル分布は集落側に広がっていることが多く、それが山側に縮退するとあちこちで分布の分断化と孤立化が進む可能性が高い。地域によっては、戦後すぐの状態か、それ以上に分布が狭くなることもあるかもしれない。

集落からの撤退が進めば、最終的なニホンザルの分布はそれぞれの地域に残されている自然環境が支えられるニホンザル個体群の大きさを反映したものになる。比較的広葉樹林が残っている東北地方や関東甲信越地方の一部をのぞけば、多くの地域では狭い分布域をもつ地域個体群が散在するという形になることが予想される。もっとも大きいといわれる中部近畿個体群でも、あちこち歯の抜けたような形になってしまうだろう。とくに針葉樹林が連続して広がる紀伊半島では、空白部分がかなりできる可能性が高い。まさかと思われるかもしれないが、地域によってはそれほどニホンザルの存続基盤は脆弱になっているのだ。

ただし現実には、このような急激な変化はすぐには起こらないだろう。広範囲にわたって集落周辺での採食機会を急激に減らすことはかなり困難なので、山側への行動域の移動は比較的ゆっくりと進むはずである。被害管理が順調にゆけば、集落に現れるサルたちの農作物への依存度は徐々に低下してゆく。依存度が低下すればそれだけ被害を防ぎやすくなるため、農地での採食機会が少なくなり、ますます農作物への依存度が低下することが予想される。農作物に依存している集団の個体群パラメータは、農地採食ができなくなって栄養状態が悪化すれば急激に変化するだろう。ただし残念ながらこういったさまざまな変化がどのような形であらわれるのか明確に予測することは現段階ではほとんど不可能である。

第八章で若干触れたが、孤立化した小さな地域個体群は絶滅する可能性が高くなる。したがって、農作物への依存度が低くなる過程で起こる分布や個体群パラメータの変化は、地域個体群の消長を左右するほどの影響を与えるかもしれない。地域個体群の分布が縮小したり消滅したりすることが予想される地域では、周辺地域からの分布の回復が期待されるような状況がなければ、被害管理と並行して生息環境の整備をはじめるべきである。孤立個体群が広範囲に散在している場合には、それらを包含するようなメタ個体群の存在を想定して、回廊（コリドー）をつくるなどそれぞれの遺伝子交流を確保するような処置を講じることも必要である。こういったことは、いままでにほとんど行なわれたことのない実験的な性格の強い試みになるが、地域個体群の絶滅を回避するためには欠くことのできない検討課題である。

ニホンザルの将来は、日本の自然環境をどうするかということと深く関係している。もし現在の西日本のように針葉樹の人工林が優占する状況が今後も続くのであれば、ニホンザルが生息可能な地域は非常に限られてしまうだろう。明確な数字は出せないが、人工林率が七〜八割を越えるような地域でニホンザルが生息することは、農作物に依存しない限りほとんど不可能に近い。奥山の人工林に、中・下層の植生が豊かになるような施業（たとえば強度間伐など）を行なう、広葉樹林と人工林の配置を工夫する、荒廃している雑木林などに手を入れ、人と野生動物が共に利用できるように里山を整備するなど、さまざまな取り組みを多面的に展開しない限り、西日本でのニホンザル個体群の存続はかなり危ういものとなる。

里近くの山をサルが棲めるような森にすることには、異論もあるだろう。せっかく追い払ったサルを集落に呼びよせるようなことになりかねないからだ。だが、被害管理を実施し、農作物や集落に依存する程度を低くすることができれば、サルによる被害を低く抑えることは決して不可能ではない。ただそのためにはサルとの軽い緊張関係を持続し、つねに里から山に追い上げる圧力をかけ続けることが必要になる。里では見かけないが、少し裏山を歩くとサルやシカにときどき出会えるというのは、実現すればすばらしいことだと個人的には思う。

繰り返しになるが、ニホンザルの将来は決して安泰ではない。とくに西日本では、ツキノワグマと同様の状況に追い込まれる可能性もないとはいえない。サルを山に追い返して被害を軽減するという努力が実を結びはじめれば、あちこちで絶滅や縮小に追い込まれる集団が現れるだろう。それは一時的には避けがたいことなのかもしれない。ただ、それを放置し続ければ、まちがいなく各地の地域個体群や種全体の存続が脅かされる。被害管理が軌道に乗りはじめたら、生息地管理を柱としたニホンザル個体群全体の保全に取り組んでゆく必要がある。

## 2　保護と管理──その理念と性格

ニホンザルは、シカやイノシシに比べれば低い自然増加率だが、それでも下北半島の例をみればわかるように、条件さえ整えば三〇年で三倍程度には増えることが可能である。ただ、だからといって自然増加に対してシカと同様の個体数管理が必要かと言われれば、わたし自身は不要だと考えている。特定の樹種の枯死を招くような採食は一部地域では観察されているが、いくら過密になっても自然植生を破壊するような影響を与えた例は、いまのところ知られていない。農作物の被害が激甚であっても、それはサルが増えたためではなく、サルの生息地が移動したためである。個体数管理に頼るよりもむしろ、被害管理や生息地管理を重視すべきだと思う。

一方、個体数の減少については十分注意を払う必要がある。保全生態学の教科書を紐解けばわかるように、個体群の存続を図るにはある一定の個体数を下回らないようにしなければならない。つまり、ある地域個体群の保全を考える上では、その個体群に含まれる個体数を推定するということが不可欠の作業になる。

ところがこの「個体数を推定する」という作業が、一筋縄ではいかない。野生動物管理学に携わる研究者や実務者の多くが、この問題に頭を悩ませ、個体数推定の精度を上げるために努力しているといっても過言ではないだろう。たとえばシカでは、区画法、ライトセンサス、ヘリコプターによる追い出し法、糞粒法、糞塊法などが主要な調査法として知られており、それらの間の精度や正確度の比較が行なわれている。一方、サルでは昔ながらの集団の識別と個体数カウントが、いまのところもっとも確実な方法である。落葉広葉樹林での冬季のヘリコプターセンサスや、高密度地域での定点ブロック法なども行なわれているが、汎用性のある方法とは言いがたい。集団の識別は、集団ごとに発信器を装着する方法がもっとも確実な方法だろう。

ただし、集団が識別できても、それぞれの集団の個体数を個別にカウントするには大変な労力がかかる。万全を期しても、多くの場合、得られた値はある程度の幅をもった推定値にならざるを得ない。野生動物の管理には、つねにこのような「不確実性」が伴う。野生の生物を扱う限り、絶対に確実な数字を得ることは基本的に不可能である。

また、たとえある時点で全頭数を数えられたとしても、次の瞬間に出産や死亡があれば、その時点で全体の数は変化してしまう。言いかえれば、野生動物の個体数はつねに変動しているといえるだろう。このような「非定常性」は、個体数だけでなく、生息環境や人間の側の要因にも当てはまる。これも、管理をしてゆく上で頭の片隅に置いておくべきことである。

つまり、野生動物を管理するには、ある程度の幅をもったつねに変動しているものを対象にして、それが回避すべきエンド・ポイントを越えないようにしなければならない。これさえ守れば大丈夫と考えるのではなく、つねに現状を「モニタリング」し、効果を評価して「フィードバック」するという仕組みが要求される。じつは、このような体制は、ものや仕組みを作ったらそれでおしまいというこれまでの行政的なシステムとは相容れない部分が多い。それだけに、このようなシステムをいかに日本の行政システムの中に根付かせてゆくかということが、重要な課題になる。

## 3　野生動物の管理体制を充実する

被害管理のところですでに述べたように、野生鳥獣の保護や管理において中心的な役割を果たすのは、市町村や都道府県などの地方行政機関である。被害管理ではもっとも重要な役割を果たすのは農家や地域だったが、国民の共有財産として位置づけられる野生鳥獣の管理は、国民の代行者である国や都道府県などの行政が責任をもって行なうべきものである。

では、野生動物を管理してゆく上で行政が準備すべきものは何だろうか。まず、国レベルの長期的な課題としては、野生動物管理の研究などを行なう専門機関の設置、野生動物の保全や管理を行なう場合に支障となるような人間による土地利用や経済活動を制限するための法的整備、野生動物の保全や管理にかかわる教育普及活動、人や情報のネットワーク作り、保全や管理を専門とする研究者や技術者・実務者の養成などがあげられるだろう。

一方、主役となる都道府県レベルでまず考えられるのは、野生動物管理を専門とする、いわば核となる部局や研究機関の設置だろう。そこでは、管理のための科学的な情報の集積と分析が主な仕事になるが、管理体制が確立するまでは、野生動物の管理を実施するための行政面での体制整備、多様な利害関係者の参加による合意形成プロセスの整備なども受け持つことになる。ここで述べている合意形成プロセスとは、これまでのように閉鎖的で形式的なものではなく、事業計画の妥当性や実現性について行政が説明責任を十分果たせるような、透明性が高く参加しやすいものでなければならない。また、地元住民にもっとも近いところにいるのは市町村だが、専門の部局を置くことは実際上困難なことが多いので、ここでは被害管理のところで述べたような情報拠点作りと、必要に応じて援助を仰げるような都道府県との協力体制の整備に重点を置くべきだろう。

残念ながら、日本の現状はここで述べたような理想とはほど遠い状態にある。野生鳥獣の管理を研究課題としている国の研究機関は、森林総合研究所と中央農業総合研究センター、近畿中国四国農業研究センター(いずれも独立行政法人)など数えるほどしかなく、野生動物管理を専門とする研究所すらない状態である。また、法的整備や教育普及活動などの長期的な課題については、いまのところほとんど手付かずである。

一方都道府県レベルでは、第七章で述べたように、野生動物の管理は林業関連(あるいは環境保全関連)の行政部局が担当していることが多い。しかし、やるべきことが多く多岐にわたることを考えると、さまざまな仕事を抱える一部局が少人数でカバーできる仕事ではない。林業関係の試験研究機関が野生動物に関する試験研究を行なうことも多いが、そこの研究員も多くは病虫害を含むさまざまな試験課題を抱えており、野生動物にかかりっきりになることは不可能である。

都道府県レベルでのこの問題を解決する方法は、二つある。一つは、自然環境研究センターのような組織を作って野生動物の調査研究を担当する部局や、管理計画を立てるための自然環境の情報を収集する部局を確保することである。これを中央集権型の管理体制と呼ぼう。この方法の代表選手は北海道環境科学研究センターだろう。ここの自然環境部には、エゾジカやヒグマなどの野生動物の調査研究を担当するスタッフと、自然環境情報の調査分析を担当するスタッフがいて、野生動物の管理を総合的に進めることが可能な体制になっている。このようなセンターを各都道府県や地方ごとに作るべきだという提言は、これまで実施されてきた生息実態調査の報告書に盛り込まれるなど、さまざまな形で行なわれてきたが、残念ながら実現しているところは北海道をのぞけばいまのところほとんどない。

確かにこのような野生動物の管理のためのセンターが作れればそれに越したことはない。ただ現実問題として、そのような予算や人材を確保できる都府県はほとんどないだろう。そこで代案として考えられるのが、ネットワーク型の管理体制である。これは、都府県にあるさまざまな部局の試験研究機関などで野生動物の管理にかかわる業務を分担して、相互に連携を図りながら管理を進めるというやり方である。たとえば、林業試験場では野外での生態調査や植生情報の分析を、畜産試験場では遺伝子の分析を、農業試験場では被害を受けにくい品種への改良や圃場整備の方法を、農業改良普及所が被害防除法の知識と技術の普及を、それぞれ担当するわけである。各試験研究機関などでは新たな業務を増やすことになるため、なかなか受け入れられないかもしれないが、新たに人員を確保する必要もなく、それぞれの専門分野の範囲内で力が発揮できるというメリットがある。また、必要に応じてあらたにほかの試験研究機関にネットワークに加わってもらうことも可能であり、中央集権型のように組織変更を伴わない分だけ身軽だとも言える。ネットワーク型の管理体制をとる場合には、核となるのはやはり自然環境関連の部局になるが、野生動物の専門家が組織内にいない場合は、都道府県立の博物館や大学などに所属している研究者にもネットワークに加わってもらう必要があるだろう。

市町村レベルの体制は、ごく一部のところをのぞいてほとんど整備されていない。有名なのは北海道斜里町での知床半島のヒグマや、広島県戸河内町のツキノワグマに対する取り組みだが、それ以外にも野生動物の管理に精力的に取り組まれている市町村はあると思う。ただ、情報や技術の供給源である国や都道府県の体制作りが遅れている現状では、よほど意欲的な市町村でなければ、効果の期待できるような取り組みを展開することは困難だろう。その意味でも、都道府県レベルの管理体制の整備は急がなければならない。

残念ながら現在のところ、行政には野生動物の保護や管理に対応するための予算も人材も限られている。だから、いかに限られた予算や人材の中でもっとも重要なものに重点的に力を注ぎながら全体の枠組みを作ってゆくかということを考えなければならない。理想論を振りかざすだけでは、何も前には進まない。現実に可能なことは何か、それを実現するには何をすればよいのか、ということについて、行政はもとより研究者もＮＧＯももっと知恵を絞るべきだろう。

このような組織作りとは別に取り組むべき大きな課題がある。それは、管理体制をいかにして維持してゆくかということだ。

野生動物の管理は、終わることのない仕事である。安定して継続的に取り組める体制を作らない限り、それまで積み上げたことは一瞬にして水の泡になる。たとえば都道府県では、三年程度をめどに担当者が変わることが多い。試験研究機関はもう少し長いことも多いが、それでも十年ということはほとんどない。そうすると、野生動物を管理する部局に配属になって、管理について一通りわかるようになったころに転勤ということになる。いくら担当者にやる気があっても、その人が移ってしまえばそれでおしまいである。こんなシステムを続ける限り、一〇年たとうが二〇年たとうが野生動物の管理などできるはずがない。

もしまじめに管理を考えているのなら、行政システムの中に管理のための知識や技術を蓄積してゆくことが必要である。そのためには、まず一人でも二人でもいいから、野生動物の管理について知識と技術をもった人材を確保する必要がある。現在、おそらくほとんどの都道府県は、野生動物の生息実態調査を外部の調査団体や業者に委託していると思う。生息実態調査を実施するには、それなりの人材が必要になるので、現段階ではしかたのないことかもしれないが、作成されてきた報告書を読みこなせる人は行政にどれだけいるのだろうか。報告書を読みこなせなければ、その成果を生かして管理に反映させることはおろか、調査の不備さえ見抜けないだろう。そのようなことは、専門家の検討委員会などに任せればよいと思う人もいるかもしれないが、わたしの乏しい経験では検討委員会で議論できることなどほんとうにたかがしれている。結局はどれだけ行政に力量があるかどうかで、管理の内容や質は決まってしまうのだ。そのためには、最低限報告書を読みこなせるぐらい、できれば自分で調査を企画し実行できるぐらいの人は確保するべきだろう。

管理のための知識や技術をもった人材を一人でも確保できたら、あとは担当者が変わってもそれがちゃんと機能し続けるようにすることが重要である。たとえば、知識や技術を身につけた人に別の肩書きを与えて、転勤しても管理担当部局と兼任できるようにするとか、行政の中で研修制度を設けてノウハウを維持する機会を確保するとか、管理部局だけ在籍年数を五〜六年にして、前任者との引継ぎ期間をかならず三年程度は確保するとか、いくらでも方法はある。管理のための知識や技術といっても、そんなに特殊な才能が必要なわけではない。知識や技術の進歩に伴って多少の更新は必要かもしれないが、基本的な考え方は変わらないのだから、一〇年もあれば数人の人材は育成できるだろう。

人材とは別に、もう一つ考えなければならない問題は、いかにして野生動物の管理に関するデータの蓄積してゆくかということである。以前ある会合で、「野生動物の管理をするなら、データの蓄積は長ければ長いほうがよいので、被害統計の数字や捕獲実績など関連のある資料はできるだけ残してください。文書で残すのが場所を取って不可能なら、ディスクに焼くとかいろいろ方法はあります」と言ったところ、いやできないんです、と断られたことがある。行政文書の保存期間は五年間なので、それ以上は保管しないのだそうだ。でも、もし法律で禁止されているのでなければ、何らかの形でデータは蓄積するべきである（禁止されているのなら、法律を改正してほしい）。以前の状態がわからないのに管理の方針を立てろといわれても不可能なことが多い。野生動物の生息状況は、何かできごとがあっても、それに応じて急激に変わるとは限らない。変化の原因はずっと時代をさかのぼらないとわからないことだってある。どのような形で現在資料が保存されているか、わたし自身不勉強でよく知らないが、これまで蓄積されたデータを五年たったから廃棄するということだけは避けるべきだろう。

## 4 野生動物との「共存」のために——まとめに代えて

最近よく使われることばに「野生動物との共存」というのがある。「環境にやさしい」ほどではないが、このことばを聞くたびにある種の欺瞞性や虚しさを感じるのは、わたしだけだろうか。理由もなしに野生動物がこの世からいなくなったらよいと考える人は、おそらくほとんどいないだろう。「共存」が問題になるのは、そこに何らかの軋轢があるからである。それに深く踏み込まずに「共存」を論じても、それはただのことば遊びだろう。

野生動物が生息していない場所に住んでいる人にとっての「共存」とは、ただの「並存」にすぎない。野生動物がいようといまいとその人の生活には何も影響しないし、生息域に踏み込まない限り、その人の生活が野生動物の生活を乱すこともない。ハイキングで山に入ったときに野生動物に出会うのが生きがいという人にとっては、野生動物は精神的な支えになっているかもしれないが、それはテレビで好きな歌手や俳優を見て心を慰められるのと同じだろう。たまたま同時代を生きているというだけで実質的な接点は存在しないのだから、並存しているだけである。

たとえ都会に住んでいても、たとえば大規模なダム開発などで生息地の破壊が起こるような場合には、事情は多少変わるかもしれない。ダムによってもたらされる自分たちの便利な生活と野生動物の消滅につながるような生息地破壊を天秤にかけることになるからだ（もっとも、事前にこのような情報が与えられることは、地元住民をのぞけばきわめて稀である）。ただしこのような場合でも、都会の人にとっての「共存」は観念論的な範疇を越えることは少ないだろう。棲むところがなくなった野生動物の行く末というのは、自分たちの生活とは遊離しているできごとである。「自分ひとりのためにダムができるわけではない」と考えれば、便利な生活と天秤にかけて考えられることもない。しょせんは、遠い世界のできごとである。

野生動物との軋轢が生じている地域では、「野生動物との共存」は切迫した問題として目の前に現れる。野生動物との「並存」だけを考えるなら、軋轢のある場所から野生動物を根絶すればよい。本当に「並存」できるかどうかは、地域の住民が考えるべき問題ではなく、もっと多くの人が大所高所から考えるべき問題として片づけることも論理的には可能である。だが、狭い日本の国土でこのような政策をとれば、瞬く間に野生動物はあちこちで絶滅するだろう。「並存」には、野生動物が生き残れる場所が必要になるが、そのような場所を確保することは現実にはとてもむずかしいからだ。このような状況の中で、野生動物の生息場所に近いところに住む人々は、好むと好まざるとにかかわらず「並存」ではなく「共存」を求められることになる。

軋轢の生じている地域で「共存」を目指そうとしたときに、必ず出てくるのは「人間が大事か、動物（あるいは自然）が大事か」という議論である。しかしこのような二項対立は現実には成立しない。人は生きてゆく上でさまざまな恩恵をほかの生物から受けている。一見まったくわたしたちに無関係のような生物でも、わたしたちの生存を支える生態系の中で重要な役割を果たしている可能性がある。一九九五年に決定された生物多様性国家戦略では「鳥獣は、自然環境を構成する重要な要素の一つであり、自然環境を豊かにするものであると同時に、国民の生活環境の保持・改善上欠くことのできないものであり、広く国民がその恵みを享受するとともに、永く後世につたえていくべき国民の共有財産である」と明確に述べられている。生物や自然を保護することは、それらがさまざまな形でわたしたちに与えてくれている恩恵を受け続けようとすることであり、その恩恵を将来の子孫たちに残してゆこうとすることである。さまざまな生物と共存してゆくことは、わたしたち自身の現在と未来を守ることにほかならない。すでにアメリカなど一部の国では、自然資源の管理にあたってこれまでの経済的な価値を重視する考え方から資源やサービスの環境的な価値とその長期的な持続可能性を重視する「生態系管理」という考え方への移行がはじまっている。「生物多様性の保全」と「健全な生態系の維持」を目標とするこの考え方は、これからの野生動物の管理のあり方を考える上で重要であり、長期的には野生動物と人との軋轢の解消にも寄与するということはもっと強調されるべきことだろう。

とはいっても、ある局所的な部分に焦点をあてれば、「共存」が大きな軋轢を生むことは事実である。日本でもっとも深刻なのは、おそらく西日本のツキノワグマだろう。すでに九州や四国では絶滅寸前といわれているが、このままの状態が続けば、中国地方の地域個体群の絶滅も避けられないかもしれない。クマは農林業被害だけではなく人身被害を出すので、地元住民の精神的な負担はニホンザルよりもはるかに大きい。おそらくその土地に住んでみなければ、その苦悩はわからないだろう。

軋轢の生じている地域では、「なぜクマやサルがいなければいけないのか」という問いが必ず出てくる。これに対する研究者としての答えは、第八章で述べたような概略的なものにならざるを得ない。言いかえれば、「いや、これこれこういう問題がすぐに生じるのですよ」と明確に答えられることはほとんどない。それは、いなくなったときに何が起こるかということについて、現在の知識では予測できることは少ないからである。たとえば霊長類に関しては、果実の種子散布に重要な役割を果たしているという研究はあるが、実際にニホンザルが日本から消滅したらどのような影響があるのか、いまのところほとんどわかっていない。ただ、何か不都合が起きる可能性を否定できないから、それを避けるための予防として「クマやサルを根絶させないようにしましょう」ということになる。

もう一つの答えとしては、これまで長い歴史の中で進化してきたそれぞれの種について固有の価値があるから、それを守るべきだという考え方がある。生物に機能的な価値があるかどうかは問題ではなく、存在そのものに価値があると考えるわけである。これは、保全生物学の柱となる考えであり、多くの研究者や自然保護活動をする人々に受け入れられている。

いずれにせよ、被害にあっている人がこのような説明で満足することはほとんどないだろう。軋轢を解消し共存を図るためのプランを具体的に提案し、かつそれを実践することができれば、はじめてこのような概念的な説明にも耳を傾けてもらえるかもしれない。残念ながら、具体的な提案や実践の方法についての研究者側の貢献はいまのところ少ないし、保護や管理を実践する立場にある行政側にも組織や人材が不足している。まさにないないづくしの状況である。この状況を打破するには、問題の所在をつねに広く発信し、地域住民だけでなくさまざまな立場の人たちに、野生動物と彼らが引き起こしているさまざまな軋轢についてもっと知ってもらい、問題意識を共有してもらうことしかないだろう。そうすることによってはじめて、新しい人材や組織が生まれてくる可能性が出てくる。

ところで「なぜクマやサルがいなければいけないのか」という問いは、「なぜわれわれだけが『並存』ではなく、『共存』を強いられるのか」という問いでもある。野生動物や生態系からの恩恵を受けているのは、彼らだけではなく国民全体なのだから、この異議はもっともだろう。野生動物との共存にかかるコストは、受けた恩恵の大きさに応じて受益者が負担するべきものであり、地域住民だけに負担を強いるものではないはずである。

現在でも、農林業への被害対策に対する補助金などが交付されているが、野生動物管理の一環として位置づけされていることはほとんどない。第七章でも触れたが、野生鳥獣を国民共有の財産とみなすなら、野生鳥獣と人間との軋轢を解消しその存続を図るのは管理責任のある行政の役割であり、そのためのコストは受益者全体で共有されるべきものである。現在のような経済活動に対する補助金というシステムではなく、鳥獣行政の一環として透明性を確保した形で「共存」のためのコストを税金などで支出することを検討するべきだろう。

「共存」のためのコストは、そのほかにもさまざまな方法で分担することができる。たとえば、過疎化や高齢化で労働力が不足する農村部では、被害対策にもなかなか時間を割けないのが現状である。地元住民や行政がお膳立てをするのではなく、まったくの手弁当（食費、交通費、宿泊費、障害保険料はもちろん自己負担、何かあったときにも自己責任）で、地元の人たちの負担にならない形で協力するのであれば、被害対策への援助は歓迎されるだろう。野生動物との適切な距離を保つこと（コラム1参照）を広く普及啓発することも、長い目で見れば野生動物の保護や管理にプラスになるはずである。もちろん、野生動物に関する知識や情報をさまざまな形で地元住民や行政に提供することも重要である。「共存」を余儀なくされている地域の人々がやむなく野生動物を排除しようとすることを、非難することはたやすい。だが、非難するだけでは何も解決しない。行政の責任を追及しても同じことである。「並存」ではなく「共存」を考えているのなら、いまある状況の中で自分たちに何ができるか、ということを考えるべきだろう。

# あとがき

本書のメインテーマである被害管理というのは、第三章でも触れたように応用科学である野生動物管理の一分野である。野生動物管理学は、日本でこそまだ認知されていないが、欧米では歴史のある研究分野の一つとして位置づけられている。実際、野生動物管理を専門とする研究者も多く、関連する国際的な学術誌や学会も少なくない。ただし被害管理については、いかにして被害を防ぐかという技術的な側面への関心が高い半面、理論的な展開や学問的な枠組みが弱いという印象がある。とはいえ、欧米では実践的な積み重ねと並行して毎年たくさんの被害防除に関するさまざまな論文や報告が出版されている。

被害管理を具体的に実践してゆくには、生態学や行動学をはじめとする基礎科学の知識を応用的な場面に活用する方法を模索することが求められる。そのプロセスでは、つねにあらたな発見や調査研究があり、その成果をもとにさらに洗練された被害管理が行なわれるというフィードバックがある。さらにいうなら、被害管理は理系の基礎科学や応用科学の成果をまとめた単なる技術的知識の集合体だけで構成されているわけではなく、政策決定や合意形成プロセスの研究といった社会科学的な分野をも含んでいる。つまり被害管理は、非常に幅広い分野を含む複合的な学問分野と位置づけることができるだろう。

本書は、被害管理のもつそのような可能性を自分なりに追求してゆく作業の通過点で生まれたものである。通過点といってもはじめてわずか六年ほどなので、ほとんど出発点といってもいいかもしれない。現時点で利用可能な情報や自分の経験をできるだけ盛り込んではいるが、具体的な事実や研究の裏づけのないまま思いつきや推測だけを書きつらねている箇所も少なくない。「科学書」というよりむしろ「覚え書」に近く、思い違いや誤りもあるかもしれない。この本の記述の中には、わたし自身が少し前に書いたものと若干食い違うこともある。それはわたし自身の変化をそのまま反映している。このような状態にもかかわらずあえて執筆しようとしたのは、いまの知識と技術だけでも、「サルの被害は止められる」ということをできるだけ多くの人に知ってほしかったからである。

ところで、野生動物管理というと、人間が自然を支配するという驕りを感じる人も多いと思う。だが、英語の management という言葉には、「何とかやってゆく」という意味があるらしい。欧米で野生動物管理に携わっている人の中にも、同じように被害管理に使われる control という言葉のもつ「支配する」というニュアンスを嫌って、management のほうを好む人がいる。しょせん人間は自然の一部であり、やれることはたかがしれている。すべてを control することなどできはしない。自分のほうが強いからといってあまり傍若無人にふるまっていると、おもわぬしっぺ返しを食うかもしれない。昔からの隣人である野生動物たちとは、お互い認め合いながらなんとかつきあってゆかなければいけない。そういう意味が、この本の題名にはこめられている。野生動物と人間とのつきあいをどうすればよいのか。この問いに対する答えをみつけるには、さまざまな人にいま日本で何が起こっているかを知ってもらわなくてはいけない。そのきっかけに本書がなれば、望外のよろこびである。

この本は、三十の手習いよろしく一から勉強をはじめたわたしに辛抱強く付き合ってくださったさまざまな方々のご協力がなくては完成しなかった。野生動物管理という分野に踏み入る道を開いてくださった独立行政法人森林総合研究所の北原英治さんと大井徹さん、捕獲の仕方や発信器装着など現場でのノウハウを丁寧に教えてくださった(株)野生動物保護管理事務所の白井啓さんと岡野美佐夫さん、被害の現場でいろいろご指導くださった三重県林業技術センター(当時)の奥田清貴さんと佐野明さん、行政的な取り組みについて貴重な示唆をいただいた三重県自然環境課(当時)の鈴木義久さんと長谷川健一さん、事故防止研究と農業からの視点が被害管理に必要なことを示し、わたし自身が方向転換するきっかけを与えてくださった奈良県果樹振興センターの井上雅央さん、ニホンザルをめぐるさまざまな問題について何度も議論してくださった京都大学霊長類研究所の渡邊邦夫さん、そして現場で、会議で、研究会で、シンポジウムで、管理をめぐるさまざまな問題に関して情報をくださり、意見を交換していただいた多くの方々に、厚く感謝の意を表したい。

ニホンザルの野外調査の際には、三重県大宮町産業課、員弁町産業課、北勢町産業課、青山町産業課、大山田村産業振興課、大山田村教育委員会、および調査地周辺の地元の方々にたいへんお世話になった。電気柵の設置試験にあたっては、試験地を提供してくださった竹内光明・康子夫妻と、設置にご協力いただいた三重県・名張市職員および関係者の方々にお世話になった。揚妻芳美さんには、絵の下手なわたしにかわってわかりやすい楽しいイラストを描いていただいた。北海道大学文学部の鈴木克哉さんには、貴重な写真を使わせていただいた。この場を借りて感謝したい。

今回、執筆の機会を与えてくださった京都大学の西田利貞さん、出版に際してテーマの変更や数度にわたる締切の延長など無理を聞いていただいた京都大学学術出版会の高垣重和さんと鈴木哲也さんにもお礼を申し上げたい。

この本に記されているわたし自身の調査や実験の一部は、京都大学霊長類研究所共同利用研究費（一九九八〜一九九九年度）、農林水産省（現在独立行政法人）森林総合研究所委託事業費（二〇〇〇〜二〇〇二年度）、および（財）世界自然保護基金日本委員会自然保護助成金（一九九八〜二〇〇〇年度）によっておこなわれた。あわせて感謝したい。

最後になったが、このような本を書けるようになるまで研究活動を続けてこられたのは、三十半ばを過ぎても定職につけない息子をいつも変わらぬ態度で迎え入れてくれた両親がいたおかげである。あらためて深く感謝し、この本を捧げたいと思う。

著者は二〇年間クマ問題にかかわってきた町職員．野生動物の被害問題について，さまざまなことを考えさせてくれる本．

三浦慎悟（1999）『野生動物の生態と農林業被害――共存の論理を求めて』林業改良普及双書 132，全国林業改良普及協会.
野生動物管理の入門書．とくにシカの個体群管理についての記述は充実している．残念ながらニホンザルの被害管理については，あまり触れられていない．
藤森隆郎・由井正敏・石井信夫（1999）『森林における野生生物の保護管理――生物多様性の保全に向けて』日本林業調査会.
森林に生息する野生生物の保護管理に関する解説書．被害管理にはほとんど言及されていない．
野生鳥獣保護管理研究会（2001）『野生鳥獣保護管理ハンドブック』日本林業調査会.
環境省が創設した特定鳥獣保護管理計画制度を解説したハンドブック．
『特定鳥獣保護管理系核技術マニュアル（ニホンザル編）』（2000）㈶自然環境研究センター.
特定鳥獣保護管理計画を立てる際のマニュアル本．制度全体についての説明と，ニホンザルの計画についての説明がある．現在は報告書の形にしかなっていないが，近日中に販売される予定である.

・そのほか

鷲谷いずみ・矢原徹一（1996）『保全生態学入門――遺伝子から景観まで』文一総合出版.
保全生態学全般について，網羅的に紹介してある入門書．ただし，内容はかなり専門的で，読みこなすにはかなりの知識が必要.
S. ヘレロ（2000）『ベアタックスⅠ・Ⅱ．クマはなぜ人を襲うか』北海道大学図書刊行会.
クマが人を襲う原因などを生態学や行動学の視点から解明した一般向けの本．サルでもこのような本を書けないかと思ったのが，本書が生れたきっかけである.
羽山伸一（2001）『野生動物問題』地人書館.
野生動物を巡る最近のさまざまな問題についてわかりやすく解説してある.
米田一彦（1998）『生かして防ぐクマの害』農山漁村文化協会.
クマ問題に深くかかわってきた著書が書いた被害対策のマニュアル本．あらゆることが網羅的におさえてある.
栗栖浩司（2001）『熊と向き合う』創森社.

## 読書案内

日本語で読める本で，本書に関連のあるものをあげた．引用文献との重複もある．

### ・ニホンザルについて

中川尚史 (1994) 『サルの食卓』平凡社．

ニホンザルの採食生態については，これを読めばほとんどわかる．

三戸幸久・渡邊邦夫 (1999) 『人とサルの社会史』東海大学出版会．

ニホンザルと人間のかかわり方の変遷や最近の分布の変化について詳しい．

和田一雄 (1998) 『サルとつきあう――餌付けと猿害』信濃毎日新聞社．

長野県のニホンザルや地獄谷野猿公苑を巡るさまざまな問題について書いてある．

大井徹・増井憲一 (2002) 『ニホンザルの自然誌』東海大学出版会．

全国各地のニホンザルを長年調査してきた研究者たちの論文集．猿害にかかわる内容も多く，現在のニホンザルの状況を把握する上でとても参考になる．

### ・被害管理と被害防除技術

井上雅央 (2002) 『山の畑をサルから守る――おもしろ生態とかしこい防ぎ方』農山漁村文化協会．

被害管理の考え方から具体的な被害軽減の方法まで，農家の立場に立った最良の手引書．行政側の取り組みとしても参考になる部分が多い．

渡邊邦夫 (2000) 『ニホンザルによる農作物被害と保護管理』東海大学出版会．

ニホンザルの保護・管理や被害対策についてまとめてある．特定鳥獣保護管理計画制度にも言及．

### ・野生動物の保護管理

鈴木正嗣編訳 (2001)　日本野生動物医学会・野生生物保護学会監修『野生動物の研究と管理技術』文永堂出版．(*Research and Management Techniques for Wildlife and Habitats*, fifth edition, ed by Theodore A. Bookhout, The Wildlife Society, Bethesda, Maryland, 1996)．

野生動物管理に関するあらゆることが網羅されている教科書．

井上雅央（2002）『山の畑をサルから守る――おもしろ生態とかしこい防ぎ方』農山漁村文化協会．
三戸幸久・渡邊邦夫（1999）『人とサルの社会史』東海大学出版会．
三戸幸久・渡邊邦夫・足沢貞成・赤座久明・林哲・金森正臣（2000）「東海北陸地方のニホンザルの分布変遷」『ワイルドライフ・フォーラム』6: 75-82.
大井徹・森治・足澤貞成・松岡史郎・揚妻直樹・中村民彦・遠藤純二・岩月広太郎・大槻晃太・伊沢紘生（1997）「東北地方の野生ニホンザルの分布と保全の問題点」『ワイルドライフ・フォーラム』3: 5-22.
Takahata, Y., Suzuki, S., Agetsuma, N., Okayasu, N., Sugiura, H., Takahashi, H., Yamagiwa, J., Izawa, K., Furuichi, T., Hill, D. A., Maruhashi, T., Saito, C., Sato, S., and Sprague, D. S. (1998) Reproduction of wild Japanese macaque females of Yakushima and Kinkazan islands: a preliminary report. *Primates* 39: 339-349.
Yamagiwa, J. and Hill, D. (1988) Intraspecific variation in the social organizataion of Japanese macaques: past and present scope of field studies in natural habitats. *Primates* 39: 257-273.
鷲谷いずみ・矢原徹一（1996）『保全生態学入門――遺伝子から景観まで』文一総合出版．
渡邊邦夫（2000）『ニホンザルによる農作物被害と保護管理』東海大学出版会．
渡邊邦夫編（2000）『本州のニホンザル：現状と保護管理の問題点』ニホンザル保護管理のためのワーキンググループ．97pp.

# 引用文献

本書の性格上，引用文献は著者自身の論文や著書を中心に最小限にとどめてある．また，引用個所についても，本文には明記していない．興味ある人は，個々の文献を参照してほしい．

## ＜著者自身の著書・論文＞


室山泰之・鳥居春己・前川慎吾（1999）「近畿地方における野生ニホンザルの分布と保護・管理の現状」『ワイルドライフ・フォーラム』 5: 1-5.

Muroyama, Y., Imae, H., and Okuda, K. (2000) Radio-tracking of a male Japanese macaque emigrated from its group. *Primates* 41: 349-354.

室山泰之・大井徹（2000）「ニホンザルの感覚特性と被害防除への応用の可能性」『野生生物保護』 5: 55-67.

室山泰之（2000）「里のサルたち：新しい生活をはじめたニホンザル」『霊長類生態学――環境と行動のダイナミズム』 杉山幸丸編著．京都：京都大学学術出版会．pp. 225-247.

Muroyama, Y. and Eudey, A. A. (2003) Have macaques a future? In: *How Societies Arise: The Macaque Model* (eds. by Bernard Thierry, Mewa Singh & Werner Kaumanns). Cambridge: Harvard University Press, in press.

Muroyama, Y. A management model of crop-raiding behavior by non-human primates. *International Journal of Pest Management*, in review.


## ＜それ以外の著書・論文＞


Conover, M. (2002) *Rosolving Human-Wildlife Conflicts —— The Science of Wildlife Damage Management*. Boca Raton: Lewis Publishers.

林勝治・渡邊義雄（2000）「中国地方の野生ニホンザルの分布」『ワイルドライフ・フォーラム』 5: 45-68.

Hone, J. (1994) *Analysis of Vertebrate Pest Control*. Cambridge: Cambridge University Press.

今木洋大・泉山茂之・岩丸大作・岡田充弘・岡野美佐夫・蒲谷肇・小金澤正昭・白井啓・森光由樹（1998）「関東甲信越におけるニホンザルの分布と保護管理に関する現状」『ワイルドライフ・フォーラム』 4: 35-52.

# 索　引

室山泰之（むろやま　やすゆき）
京都大学霊長類研究所附属ニホンザル野外観察施設助手．京都大学博士（理学）．
1962年　京都府生まれ．
1992年　京都大学大学院理学研究科博士後期課程修了．日本学術振興会特別研究員，ルイパスツール大学客員研究員，京都大学霊長類研究所非常勤研究員，科学技術振興事業団科学技術特別研究員（農林水産省森林総合研究所関西支所勤務）を経て現職．
専　門　野生動物管理学，動物行動学．
主　著　『ニホンザルの心を探る』（分担執筆，朝日新聞社，1992），『サルの百科』（分担執筆，データハウス，1996），『霊長類学を学ぶ人のために』（分担執筆，世界思想社，1999）．『霊長類生態学――環境と行動のダイナミズム』（分担執筆，京都大学学術出版会，2000），『小学館の図鑑　NEO 動物』（分担執筆，小学館，2002），『霊長類学のすすめ』（分担執筆，丸善，2003．

里のサルとつきあうには
――野生動物の被害管理　　生態学ライブラリー21

2003（平成15）年5月20日　初版第一刷発行

著　者　室　山　泰　之
発行者　阪　上　　　孝
発行所　京都大学学術出版会
京都市左京区吉田河原町15-9
京大会館内（606-8305）
電　話　075-761-6182
FAX　075-761-6190
振　替　01000-8-64677
印刷・製本　株式会社クイックス

ISBN4-87698-321-6
Printed in Japan

## 生態学ライブラリー・第Ｉ期

1. カワムツの夏――ある雑魚の生態　片野　修
2. サルのことば――比較行動学からみた言語の進化　小田　亮
3. ミクロの社会生態学――ダニから動物社会を考える　齋藤　裕
4. 食べる速さの生態学――サルたちの採食戦略　中川尚史
5. 森の記憶――飛騨・荘川村六厩の森林史　小宮山章
6. 「知恵」はどう伝わるか――ニホンザルの親から子へ渡るもの　田中伊知郎
7. たちまわるサル――チベットモンキーの社会的知能　小川秀司
8. オサムシの春夏秋冬――生活史の進化と種多様性　曽田貞滋
9. トビムシの住む森――土壌動物から見た森林生態系　武田博清
10. 大雪山のお花畑が語ること――高山植物と雪渓の生態学　工藤　岳
11. 干潟の自然史――砂と泥に生きる動物たち　和田恵次
12. カメムシはなぜ群れる？――離合集散の生態学　藤崎憲治

生態学ライブラリー・第II期（白抜きは既刊、＊は次回配本）

⑬＊サルの生涯、ヒトの生涯――人生計画の生物学　デヴィッド・スプレイグ（D. Sprague）
⑭植物の生活誌――性の分化と繁殖戦略　高須英樹
⑮イワヒバリのすむ山――乱婚の生態学　中村雅彦
⑯マハレのチンパンジー――社会と生態　上原重男
⑰進化する病原体――ホスト－パラサイト共進化の数理　佐々木顕
⑱湖は碧か――生態化学量論からみたプランクトンの世界　占部城太郎
⓳植物のかたち――その適応的意義を探る　酒井聡樹
⓴森のねずみの生態学――個体数変動の謎を探る　齊藤　隆
㉑里のサルとつきあうには――野生動物の被害管理　室山泰之
㉒資源としての魚たち――利用しながらの保全　原田泰志
㉓シダの生活史――形と広がりの生態学　佐藤利幸
㉔ハンミョウの四季――多食性捕食昆虫の生活史と個体群　堀　道雄